U0223842

《"三网一员"培训教材》编委会 编著

"三网一员"
培训教材

地震出版社
Seismological Press

图书在版编目（CIP）数据

"三网一员"培训教材/《"三网一员"培训教材》编委会编著 .—北京：地震出版社，2015.4（2017.12重印）
ISBN　978-7-5028-4490-5

Ⅰ.①三… Ⅱ.①三… Ⅲ.①防震减灾—技术培训—教材
Ⅳ.① P315.9

中国版本图书馆 CIP 数据核字（2014）第 268518 号

地震版　XM3806

"三网一员"培训教材

《"三网一员"培训教材》编委会　编著
责任编辑：范静泊
责任校对：孔景宽

出版发行：地震出版社
　　　　　北京市海淀区民族大学南路 9 号　　　邮编：100081
　　　　　发行部：68423031　68467993　　　　传真：88421706
　　　　　门市部：68467991　　　　　　　　　传真：68467991
　　　　　总编室：68462709　68423029　　　　传真：68455221
　　　　　市场图书事业部：68721982
　　　　　E-mail：seis@mailbox.rol.cn.net
　　　　　http://www.dzpress.com.cn
经销：全国各地新华书店
印刷：北京鑫丰华彩印有限公司

版（印）次：2015 年 4 月第一版　2017 年 12 月第三次印刷
开本：710×1000　1/16
字数：253 千字
印张：17.75
书号：ISBN 978-7-5028-4490-5/P（5181）
定价：36.00 元

前 言 Preface

　　防震减灾工作是直接服务于经济建设、关系到社会稳定的重要工作，党和国家历来十分重视。在强灾面前，我们不是束手无策的，而是可以动员社会力量和群众的智慧，应用现代科学技术进行各种对策，使震灾得以避免或减轻。我国开展群测群防工作已经有几十年的历史，积累了宝贵的经验。多年的实践充分证明，群测群防工作，在减轻地震灾害方面的确发挥了巨大作用。"三网一员"工作，其实就是"群测群防"工作，它是推进防震减灾事业发展的成功经验和有效方法，是防震减灾基础性工作。

　　21 世纪初，国家对防震减灾工作提出了明确的指导方针，就是"三大体系"建设，即地震监测、震害防御和地震应急。"三网一员"工作是三大体系建设的具体化，二者是一一对应、相辅相成的。

　　近年来，对于"三网一员"的建设工作，从中央到地方都非常重视，2004 年下发的《国务院关于加强防震减灾工作的通知》特别要求："各地区要根据社会主义市场经济条件下的新情况，研究制定加强群测群防工作的政策措施，积极推进'三网一员'建设。在地震多发区的乡（镇）设置防震减灾助理员，形成'横向到边、纵向到底'的群测群防网络体系。"

2010年印发的《中国地震局关于加强市县防震减灾工作的指导意见》中，专门列了一"加强'三网一员'建设"，指出："推进防震减灾工作向乡、镇、街道的进一步延伸，动员群众积极参与防震减灾。结合防震减灾志愿者队伍建设和农村民居地震安全技术服务网点建设等内容，推进地震宏观观测网、地震灾情速报网、地震知识宣传网和防震减灾助理员队伍建设。建立健全群测群防工作队伍和工作机制，加强防震减灾助理员及相关人员的业务培训，使之能够初步判定并及时报送地震宏观异常现象，掌握地震灾情初步调查方法和速报口径，熟悉和宣传防震避震、自救互救基本知识。"

尤其是2008年汶川地震以后，为适应新形势、新任务对群测群防工作的要求，本着防震减灾工作服务于群众、服务于社会、服务于经济发展的基本原则，全国绝大多数省市都在"三网一员"建设工作方面进行了尝试，并取得了一定的成绩，同时也发现了一些问题，遇到了一些亟待解决的困难。其中一个非常重要也是非常突出的问题，就是人员素质的问题。很多地方对加大"三网一员"的培训力度，也进行了努力和尝试，然而，由于缺乏系统的培训教材，因此很难取得预期的效果。

为了做好新时期的防震减灾工作，调动全民防御力量，构建全社会参与的群测群防工作机制，我们组织专家学者编写了《"三网一员"培训教材》。本书涵盖了基层防震减灾工作的各个方面，具有较强的针对性、实用性和可操作性。本书既是"三网一员"人员日常工作的得力助手，也是一本适用于大中专学生学习和专业人员及读者阅读的很好的防震减灾科普知识读物。

目 录 Contents

第一章　"三网一员"的作用、基本职责和工作要求

《国务院关于加强防震减灾工作的通知》（国发〔2004〕25号）要求："各地区要根据社会主义市场经济条件下的新情况，研究制定加强群策群防工作的政策措施。积极推进'三网一员'建设，即推进地震宏观测报网、地震灾情速报网和地震知识宣传网建设，在乡（镇）设置防震减灾助理员，形成'横向到边、纵向到底'的群测群防网络体系。"这样，才能形成"政府统一领导、部门协调联动、社会广泛参与、防范严密到位、处置高效快捷"的地震应急救援工作机制，全面加强地震应急救援能力，提升基层民众的地震安全意识和自救互救能力，进一步提高应对灾害性地震的能力。

1

第二章 "三网一员"必备的地震科普知识

虽然地震是地球上经常发生的一种自然现象，但是影响地震灾害大小的因素既有自然因素，也有社会因素，人类活动也强烈地影响着灾害的损失大小。就目前科学技术发展水平来说，地震灾害是我们人类所不能改变和不可抗拒的；但人类正努力在寻求减轻财产损失、降低人员伤亡的途径和方法，在这些方面人类是大有可为的。随着科学技术的发展，人类与自然灾害的斗争经验日益丰富。虽然对破坏性地震这种自然现象我们无力制止，但完全可以依赖人类的聪明才智，普及防震减灾知识，充分发挥社会组织的功能，协调全民的行动，有意识地把人类的积极作用充分发挥出来，努力把地震灾害所造成的损失减小到最低程度。

第三章 "三网一员"应掌握的监测预报知识和技能

地震监测预报就是根据地震地质、地震活动性、地震前兆异常和环境因素等多种手段的研究与前兆信息监测，对未来地震发生情况进行科学的分析与预测。目前，地震监测预报的总体水平还不是很高。推进地震监测预报工作，需要多方面的不断努力，除了不断深化对地震及其前兆异常本身的科学认识之外，还要改进与完善观测技术，加强科学管理，提高地震分析预报的技术水平等，强化群策群防工作，也是一项非常重要的举措。对于基层防震减灾工作人员来说，学习和掌握一定的监测预报知识和技能是非常有必要的。

第四章　"三网一员"应掌握的地震应急知识和技能

　　依法科学统一、有力有序有效地实施地震应急，最大程度减少人员伤亡和经济损失，维护社会正常秩序，是各级防震减灾工作者的重要任务。对于基层防震减灾工作者来说，除要学会编制街道和社区地震应急预案、规划应急避难场所、按要求及时进行灾情速报外，还要了解和掌握组织志愿者、对灾民进行心理安抚、地震预警等方面的知识和技能。

第五章 "三网一员"应掌握的地震科普宣传技能

依法参加防震减灾活动是每个公民应尽的义务。群众了解地震知识后，就懂得抗震设防的重要性和必要性；震时就会采取正确的避震措施；震后就会自觉开展自救互救行动。同时，当人们对地震基本知识和当今地震预报水平，以及我国现行国家对地震预报实行统一发布制度有所了解后，地震谣言就不会流传、蔓延。向普通居民进行抗震防灾宣传，将抗震防灾工作建立在更广泛、更有效的基础上，是减轻地震灾害，保障震前、震时和震后生活正常、生产顺利、社会安定，使抗震防灾能力得到逐步提高的重要手段，也是基层防震减灾工作者的一项重要任务。

第六章 "三网一员"应掌握的急救知识和技能

"天有不测风云，人有旦夕祸福。"在日常生活中，遇到各种急症及意外伤害是在所难免的。在致死性伤员中，约有35%本来是可以避免死亡的，关键是他们能否获得快速、正确、高效的应急救护。调查发现，大多数中国人，甚至连警察、救援队员、医务工作者，都存在现场急救知识和技能观念淡薄、知识缺乏的问题。作为基层防震减灾工作者，掌握一些必要的急救知识和技能，不仅是可能的，更是非常必要的。

第七章　"三网一员"应了解的法律法规、规章和规定

　　依法行政是行政管理为人民服务的切实保障，也是社会稳定、经济发展、国家长治久安的必要保证。防御与减轻地震灾害关系到全社会，上至中央，下到地方，必须协调行动。防震减灾不仅涉及到政府，也涉及到社会各种组织，同时也涉及到每个公民个人。作为基层防震减灾工作者，只有充分了解法律法规、规章和规定，才能保证有序地开展各种防震减灾工作和活动，更加有效地调整各种社会关系，依法保护人民生命和财产安全，促进社会的和谐与安宁。

第一章

"三网一员"的作用、基本职责和工作要求

> 《国务院关于加强防震减灾工作的通知》（国发〔2004〕25号）要求："各地区要根据社会主义市场经济条件下的新情况，研究制定加强群策群防工作的政策措施。积极推进'三网一员'建设，即推进地震宏观测报网、地震灾情速报网和地震知识宣传网建设，在乡（镇）设置防震减灾助理员，形成'横向到边、纵向到底'的群测群防网络体系。"这样，才能形成"政府统一领导、部门协调联动、社会广泛参与、防范严密到位、处置高效快捷"的地震应急救援工作机制，全面加强地震应急救援能力，提升基层民众的地震安全意识和自救互救能力，进一步提高应对灾害性地震的能力。

一、预防为主、防御与救助相结合的工作方针

防震减灾工作是为防御和减轻地震灾害而进行的一系列活动。《中华人民共和国防震减灾法》（以下称《防震减灾法》）规定："防震减灾工作，实行预防为主、防御与救助相结合的方针。"

"预防为主"是人类防御各种灾害的基本思想，是千百年来人类面对各种灾害的经验与教训的高度概括。联合国前秘书长安南曾经说过："预防比救援

更人道，也更经济。"一次成功的地震短临预报固然可以大大减轻地震直接破坏造成的人员伤亡和经济损失。但是，如果没有建（构）筑物的科学合理的抗震能力，特别是生命线工程和可能产生严重次生灾害的工程的安全性做保证，没有一系列切实可行的临震应急对策和有效的指挥，没有广大公众积极配合和掌握一定的自救互救能力，就不可能把地震造成的损失降到最低限度。而这些，都取决于平时的准备。况且，现今地震预报还处于科学探索阶段，对绝大多数地震还不能做出准确的短临预报。因此，坚持以"预防为主"的指导思想，认真做好震前的防御工作，是减少破坏性地震造成人员伤亡和财产损失的重要前提。

地震救助工作的最根本目的，是在灾害发生后，迅速开展有效的救助活动，抢救伤员，挽救生命，减少财产损失，防止灾害蔓延扩大。它是最直接的减灾行为，是效益最明显的减灾行动。国内外地震灾害和地震救助实践证明，如果救助工作及时恰当，可以大大减轻人员伤亡和财产损失，而且可避免很多不必要的损失，对于减轻地震灾害起着十分重要的作用。因此，"防御与救助相结合"是人类减轻各种灾害的基本要求和保证，我国政府把"防御与救助相结合"与"预防为主"一起确立为我国防震减灾工作的方针。

二、我国防震减灾工作的基本原则

地震是人类共同面对的敌人。人类无法控制地震的发生，但通过有效措施，可以把地震灾害损失降到最低。为了做好防震减灾工作，必须要坚持一些正确的基本原则。这些原则主要包括：

1. 与经济和社会协调发展原则

防震减灾事业需要政府部门在人、财、物几个方面大力投入，才能发挥应有的社会功能。在现代社会中，如何从经济和社会总体发展战略上处理好减灾投入与发展投入的关系，是国家在制定经济和社会发展规划时必须加以解决的问题。如果只顾建设，不注意减灾，一旦发生地震灾害，就很容易使建设成果遭受重大损失；脱离实际，投入过于巨大的人力、财力、物力用于防震减灾，也会影响经济发展，也不太现实。所以，对于防震减灾事业，必须进行总体规划，使防震减灾事业的发展同经济和社会发展相协调。

2. 依靠科技进步原则

现代社会的一切活动都离不开科技的支撑，防震减灾工作和活动也不例外。因此，《防震减灾法》中明确规定："国家鼓励和支持防震减灾的科学技术研究，推广先进的科学研究成果，提高防震减灾工作水平。"目前，地震监测预报虽然起到了作为防震减灾工作和活动的基础的作用，但是由于受到目前科技水平的限制，也存在一定的局限性，尤其是地震短期预报和临震预报成功率还比较低；对多数地震还不能做出准确的预报。所以，加强地震监测预报的科学技术研究，在防震减灾工作中具有特殊的意义。同时，为提高地震应急抢险的效率，尽早、尽快、尽可能多地抢救出被压埋人员，减少死亡率，必须研究适用的地震应急救助技术和装备。因此，《防震减灾法》规定，国家对加强地震监测预报、地震应急救助技术和装备等方面的科学技术研究和开发采取鼓励、扶持的政策，体现了防震减灾工作必须依靠科技进步的原则。

3. 加强政府的领导与政府职能部门分工负责的原则

防震减灾作为一项社会公益事业，必须加强政府的领导，这是政府的一项法定职责。政府职能部门必须通过法律手段，依照法律所规定的职权和职责从事防震减灾工作。政府职能部门所实施的任何超越法律规定或者是不履行法律所规定的职权和职责的行为，都是不合法的，必须予以纠正。《防震减灾法》第六条确立了政府在防震减灾中的基本法律地位，即各级人民政府应当加强对防震减灾工作的领导，组织有关部门采取措施，做好防震减灾工作。同时，《防震减灾法》第七条还对政府有关职能部门提出按照职责分工，各负其责，密切配合的要求。上述这些规定从法律的角度保证了政府对防震减灾工作和活动的领导作用和政府职能部门作用的发挥。

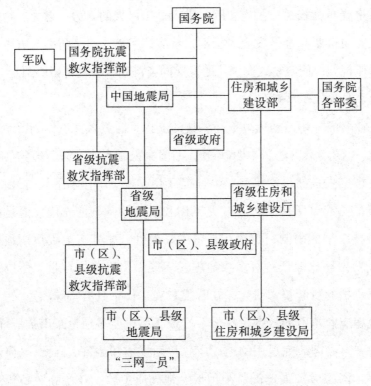

中国地震工作体系

4. 社会公众积极参与的原则

防震减灾作为一项社会公益事业，与每个公民的切身利益紧密相关，同时防震减灾又是一项由公民直接参与的活动，公民的行为与减灾效果有密切的关系。所以，除了政府部门在防震减灾中具有义不容辞的管理职责外，公民都应该具有依法参与防震减灾活动的法律义务。《防震减灾法》明确规定公民在防御和减轻地震灾害中的责任和义务，这是每个公民必须遵守的。对公民的规定主要有：任何个人有依法参加防震减灾活动的义务；任何个人不得侵占、毁损、拆除或者擅自移动地震监测设施和地震观测环境；任何个人不得向社会散布地震预测意见、地震预报意见及评审结果；国家鼓励个人参加地震灾害保险，等等。

《防震减灾法》规定："国家鼓励、引导社会组织和个人开展地震群测群防活动,对地震进行监测和预防。"建立专群结合、高效的群测群防体系,对地震灾害的防御具有重大意义,人人都应成为减灾防灾的一员而不是旁观者。

三、群测群防在防震减灾工作中具有重要意义

我国地震工作实行国家地震工作同地方地震工作、专业队伍同群测队伍相结合的体制和政策。地震工作,尤其是地震预报工作,除具有很强的任务性、探索性和社会性外,还具有很强的地方性和群众性。

根据《防震减灾法》有关规定和现时期我国防震减灾主要工作方针和任务,群测群防工作可定义为非隶属地震系统的公民和组织依法开展的地震监测、预测和地震灾害防御工作。现阶段群测群防工作的主要内容包括:地震宏观和微观观测、防震减灾宣传和震情灾情上报等工作。

根据以往经验,群测资料在多次地震成功预报中发挥了不可取代的作用。根据地震现场考察,很多中强地震发生之前,都有不同程度的宏观异常显示,这些宏观异常的收集报送主要靠群众测报队伍。例如,1976 年龙陵 7.3、7.4 级地震、1994 年台湾海峡 7.3 级地震、1998 年宁蒗 6.2 级地震、1999 年岫岩 5.6 级地震和 2000 年姚安 6.5 级地震等,群测点都起到了重要的作用。

实践证明,我国地震工作中的群测群防为成功地预报地震积累了丰富的经验,构成了中国地震工作的一大特色,在地震预报工作中具有重要意义:

首先,我国幅员辽阔,而专业前兆台网密度不足。地方台、企业台和大量的群众观测点,弥补了专业台网和手段的不足,提高了我国地震的监测预报能力。

其次,由于群众观测队伍和掌握地震知识的广大群众有分布广、控制范围大,熟悉当地情况,同地方政府联系密切,又接近震区等多种有利因素,因此群测群防队伍在地震短临预报中发挥着专业队伍难以替代的作用。

第三,群测群防队伍在上情下达和下情上报方面能起到关键作用。特别是在震兆突发阶段,由于临震异常表现得十分暂短,只有一两天的时间甚至

几个小时，特别是大量的宏观异常的收集，如何在极短的时间内发现、核实、上报是至关重要的。因此，地震发生前后，群测群防队伍在当好参谋，组织群众防震抗震方面有着重要作用。

第四，宣传普及地震知识，提高全民的防震减灾意识。无论是建立在学校、工矿企业，还是建立在广大农村、机关事业单位的群测群防点，在进行宏、微观地震前兆观测的同时，也是宣传普及地震知识的重要场所。经过多年坚持不懈地普及宣传，地震和防震减灾知识已逐步深入人心，民众的防震减灾意识普遍增强。这可以说是群测群防工作的最大功绩之一。

四、建设"三网一员"体系应把握的几个关键环节

我国开展群测群防工作已经有几十年的历史，积累了宝贵的经验。多年的实践充分证明，群测群防工作，在减轻地震灾害方面的确发挥了巨大作用。2008年汶川地震后，国家更加重视群测群防工作，强调要加大推进"三网一员"建设。"三网一员"工作，实际上就是过去所说的"群测群防"。

所谓"三网一员"的"三网"，就是地震宏观测报网、地震灾情速报网、地震知识宣传网；"一员"，就是防震减灾助理员。

防震减灾工作是直接服务于经济建设、关系到社会稳定的重要工作，党和国家历来十分重视。21世纪初，国家对防震减灾工作提出了明确的指导方针，就是"三大体系"建设，即地震监测、震害防御和地震应急。2006年，中国地震局局长陈建民提出了防震减灾工作"3+1"体系建设，即在加强和完善三大体系建设的同时，要推进地震科技创新体系建设。

"三网一员"工作是三大体系建设的具体化，二者是一一对应、相辅相成的。对于"三网一员"的建设，从中央到地方都非常重视。为此，国务院专门印发了《国务院关于加强防震减灾工作的通知》（[2004]25号），特别要求："各地区要根据社会主义市场经济条件下的新情况，研究制定加强群测群防工作的政策措施，积极推进'三网一员'建设。在地震多发区的乡

（镇）设置防震减灾助理员，形成'横向到边、纵向到底'的群测群防网络体系。"

为了建设好"三网一员"体系，就要采取正确的方法和途径，把握住几个关键的环节：

1.组织落实，认真选人

要保证"三网一员"体系发挥作用，必须建立起稳定有效的工作机制。首先要从组织上落实好"一员"，以人为本；有了良好的"一员"，再落实"三网"自然会纲举目张，水到渠成。组织上不落实，其他一切事情无从谈起。有关"一员"的选择配备，必须要在街道、乡镇党委分工中明确下来，落实到纸面上，不能因为干部的交流、岗位变动而受到影响。如果只停留在口头上，一旦出了问题责任就不清楚，容易打乱仗。这件事要从上面抓实，如果街道乡镇党委对此不热心、不配合、不支持，可以通过组织部门沟通，形成一个永久性的制度，正式纳入干部职责分工中去。为了真正发挥应有的作用，"一员"一定要选择有文化、有事业心、甘于为群众服务的人，决不能随意用一个人充数。

2.落实责任，目标管理

"三网一员"队伍建设完成后，就要根据其各自承担的职责任务，进行落实。定任务、定奖惩，定期或不定期地检查、报告工作，作为市（区）、县地震局的一项主要工作，纳入目标管理，年终进行综合检查考核，奖优罚劣。

由于地震灾害具有地理区位的特殊性，各地还应当抓住重点，合理布局。要根据历史地震的发生、断裂带的分布、人口的聚集程度、工矿企业多少等因素进行统筹考虑。做好重点街道、乡镇的"三网一员"建设工作，地震宏观测报员落实具体观测任务，确定观测项目及记录要求，实行标准化管理；地震灾情速报员要对本行政区方方面面的情况进行详细调查，记录在案并随时进行资料的更新，以备应急需要；地震知识宣传员要制订不同时期的宣传计划，并根据计划完成宣传任务；防震减灾助理员要采取有效措施，加强对"三网"的管理。

3.适时培训，提高素质

因为不是专业人员，多数"三网一员"人员对防震减灾工作可能比较陌生，只有通过加强培训，才能切实提高他们的业务素质和工作技能。各市（区）、县可以根据自己的工作实际，因地制宜，量力而行，采取集中培训，也可以采取以乡（镇）、街道为单位进行分散培训的方式，达到各自的培训目的。

五、地震宏观测报网的主要职责

地震宏观测报网，是以各市（区）、县为基本单位，在本行政区域内成立由若干人组成的，能够对本行政区域的地震高发区、人口密集区和地震断裂带实施有效的地震监测，以对地震异常现象进行宏观观测为基本职能的观测网络。这个网络就是"三大体系"中的"地震监测"的内容。地震监测是地震行业的主要工作内容之一，是广义的监测。宏观测报网，是其中的一部分，是相对于"微观"提出来的。这个网，就是多年前所说的群测群防中的"群测"部分。

地震宏观测报网的主要职责是：负责本行政区内的地震宏观测报、常年跟踪观测地震宏观异常情况并及时上报。具体说，就是地震宏观异常测报员要观测和收集动物、植物、地下水、地声、地形变、气象等地震宏观异常现象，认识其正常的变化规律，并记录观测结果。在发现宏观异常后，应及时进行异常的调查核实，确定异常本身是否可靠，同时分析异常原因、规模、出现的区域和时间等特征。

宏观异常调查核实后，要进行异常的识别，判断是否与未来的地震有关联，能否作为确定地震宏观异常的依据。如果确定是地震宏观异常现象，应及时填写《地震宏观异常填报表》，上报市（区）、县地震部门。对突然出现规模较大的、情况严重的异常，除按规定填报外，还应以电话、手机短信、传真、电子邮件等方式，用最快的速度上报市（区）、县地震部门。

实际上，上报的最及时有效的方法就是电话，因为电话最方便、最普及，完全可以在第一时间内反映情况。一旦发现了可能的宏观异常，一定要抢在第一时间报告情况。至于发电子邮件、填表、发传真等工作，都是后续的事情。

建立地震宏观测报网点，要考虑满足以下条件：①有 2 ~ 3 类动物饲养或井孔等直观的观测对象；②有专职观测人员；③有固定观测时间和观测记录；④有健全的观测制度；⑤有固定的通讯电话；⑥有一定观测规模，并定期向上级报告观测情况；⑦有一定的代表性，科学合理，尽可能地覆盖本乡镇的区域范围。

作为地震宏观测报网的成员，对防震减灾部门内部通报的信息保密，未经许可不得擅自向外传播震情、险情；发生地震谣言时，要及时上报，同时做好群众的宣传解释工作，维护社会稳定。

六、地震灾情速报网的主要职责

地震灾情速报网，就是以各市（区）、县为基本单位，在本行政区域内成立由若干人组成的，能够基本覆盖本行政区所有乡（镇）、街道，以地震灾害调查和震情速报为主要职责的网络。这个网与宏观测报网的人员组成、工作特点有很大的不同，它对应的是"三大体系"中的"地震应急"内容。有的地震震前异常明显，可以做主动的"应震"准备工作，但有的地震事先毫无迹象，只能做震后被动的应急工作。

地震灾情速报网的职责是：在本行政区域内，一旦发生有感地震或破坏性地震，地震灾情速报员应将地震灾情的初步观察结果用最快的速度向市（区）、县地震局和所在乡（镇）人民政府报告，同时填写上报《地震灾情速报登记表》，以便及时组织地震应急工作的开展。地震灾情速报员应重视地震灾情的后续速报工作，以保证灾情信息资料的准确性。负责及时调查、上报群众的反映、要求，协助地震部门开展地震灾情评估。

具体说，就是地震发生后，及时观察所处环境及附近房屋、景物的变化，根据观察结果，结合人的感觉，对照《中国地震烈度表》中的三类基本标志性现象（人对地震的感觉、地面及地面上建筑物遭受地震影响和自然破坏的各种现象），初步估计地震灾害程度，并将地震灾情的初步观察结果及时向市（区）、县地震部门报告。之后，要详细调查了解自己负责区域内震后情况。重点调查：①人员伤亡及分布等情况；②建（构）筑物、重要设施设备损毁情况，家庭财产损失、牲畜死亡情况；③社会影响，包括群众情绪、生活秩序、工作秩序、生产秩序、上课秩序等受影响情况；④地震造成的其他灾害现象等。

这些职责当中，最重要的就是上报人员的情况。一旦有了人员的伤亡，灾害性质就大不一样了，上级的重视程度也就随之改变。

市（区）、县地震工作部门负责建立本辖区的地震灾情速报员网络，并建立地震灾情速报员数据库。重点监视防御区灾情速报员密度要满足地震灾情速报的需求，一般情况下，每个行政村、社区应有1～2名灾情速报人员。灾情速报员可招募乡（镇）、街道科技助理员、民政助理员、防震减灾助理员以及地震应急救援志愿者、地震宏观测报员和地震知识宣传员等人员。这个网建设好了，对宏观测报网的日常工作、科普宣传等其他有关工作都有促进作用。

对地震灾情速报网工作人员的根本性要求就是"快、准、实"。"快"就是快捷迅速，及时；"准"就是准确，做到数字真实具体；"实"就是实实在在，实事求是，不隐瞒、不虚报、不漏报、不走样。这项工作时间性强，责任重大，完全是真刀真枪、实打实的工作。所以，需要具体工作人员有好的思想品格、文化知识和敬业精神。

七、地震知识宣传网的主要职责

地震知识宣传网，就是以各市（区）、县为基本单位，在本行政区域内成立由若干人组成的，通过多种方式，广泛宣传防震减灾法律法规和地震科普知识，以达到全面提高全民的防震减灾意识和震时的自救互救能力为目的的宣传网络。这个网络对应的是"三大体系"中的"震害防御"内容。其实，"震害防御"内容广泛，不但有"硬件"上的工程防御，而且更有"软件"上的国民素质的提高、应对灾害的态度和方法，等等。

目前，地震知识宣传网的布设通常只能到乡镇一级，城市里可以进入社区。这个网络的主要成员一般就是灾情速报网的成员，平时的任务就是利用各种条件和机会，宣传防震减灾知识。一旦发生破坏性地震，这个网络就是灾情速报网。在不同情况下，工作重点有所不同。

地震知识宣传网的职责是：负责本行政区内防震减灾知识和国家防震减灾法律法规、方针政策的宣传，在群众中广泛普及防震减灾技能，全面提高全民的防震减灾意识和震时自救互救能力，动员社会公众积极参与防震减灾活动，提高群众识别地震谣言的能力，最终达到全面减轻地震灾害的目的。

防震减灾宣传应坚持"积极、慎重、科学、有效"的原则，掌握分寸，防止引起不必要的恐慌。一旦发生地震谣传，应及时加大宣传力度进行辟谣，把握正确的舆论导向，迅速平息地震风波，稳定社会秩序。在宣传形式上，可结合社区、乡（镇）科普宣传工作，组织开展形式多样、内容丰富的防震减灾科普宣传活动。尤其要利用科普宣传周、普法宣传日、防灾减灾日、国际减灾日等有利时机搞好集中宣传，逐步提高群众的防震减灾意识。

八、防震减灾助理员的主要职责

防震减灾助理员，就是"三员合一"，即在各市（区）、县行政区域内的各个乡（镇）、街道确定的，协助市（区）、县地震工作部门做好本乡（镇）、街道的防震减灾管理工作的干部。这个"员"不一定是乡镇的科技助理或者其他干部，但必须是乡镇政府中的一名正式干部，因为在职干部能够相对固定，责任心也强一些。

防震减灾助理员的职责是：协助市（区）、县地震工作部门做好本行政区的防震减灾管理工作，即负责本行政区内地震宏观测报、地震灾情速报、地震知识宣传、地震应急及房屋安全性指导等方面的工作。

具体地说，防震减灾助理员的职责包括：①做好所管理的宏观观测点的日常管理工作，发现异常及时上报；②当本区域内发生破坏性地震时，指导群众自救互救，积极协助本级政府做好灾情速报，为政府科学抢险救灾决策提出合理建议；③当本区域内发生破坏性地震或有感地震时，积极协助上级政府地震管理部门做好地震现场考察工作；④积极开展地震科普宣传和防震减灾法律法规宣传，努力提高全民的防震减灾意识；⑤当地发生地震谣传时，及时向上级地震部门上报，并积极协助本级政府开展辟谣工作，平息地震谣传，维护社会稳定；⑥负责本辖区内的抗震设防管理工作，加强民居（特别是严重缺少抗震意识和抗震知识的农村）建设的抗震设防指导，宣传民居的抗震设防知识，积极为居民点规划提供合理化建议；⑦按照上级政府的统一部署，及时认真做好本级地震应急预案的编制和修订工作；⑧依法保护本辖区内地震监测设施、地震观测环境和典型地震遗址、遗迹；⑨负责本乡镇地震"三网"组建管理工作等事项。

做好新形势下的防震减灾工作，对各级党政和领导干部提出了更高的要求。各乡镇、街道一定要从贯彻落实科学发展观的战略高度，进一步强化"宁可千日不震，不可一日不防"的意识，切实重视和加强防震减灾工作。要把"三网一员"建设列入年度工作内容，加强对"三网一员"建设工作的投入和管理。各乡镇、街道要明确"三网一员"的职责，制定具体务实的工作制度，对本辖区内的防震减灾助理员登记造册，建档备案，切实做到人员明确，责任到位。

九、为争创地震安全示范社区做出应有的贡献

社区是社会的细胞，是社会构成的重要组成部分，社区安全是社会稳定和谐的基石。随着经济社会的不断发展，城市化进程不断加快，流动人口迅速增多，城市人口更加密集，社区安全工作在建设和谐社会中的地位日渐凸

显。而地震安全社区建设是社区安全的一个重要方面，是地震部门服务社会的一项重要内容。

2008年5月12日，汶川发生8.0级特大地震，牵动亿万中国人的心，更为我们敲响了生命安全的警钟。随后的2010年4月13日，青海玉树发生7.3级地震，2011年3月11日，日本发生9.0级地震，这些发生在我们周边的7级以上大地震，警示我们采取有效措施更好地抗御地震灾害的重要性和迫切性。

"以政府为主导、部门支持、街道实施、整体规划、资源共享、长效运作、全员参与"为具体工作思路，建设地震安全社区，是加强社区防震减灾综合能力，增强震后自救互救能力，坚持以人为本，维护社区地震安全环境，服务民生的重要举措。

社区防震减灾，其本质就是使最基层的社会结构单元要具备"自救"和"互救"的基本防灾意识和技能。一旦城市发生地震灾害，往往导致道路、交通、通讯、水、电、煤气等中断。在这种严重危机情况下，受灾的社区如不具备基本的自救互救意识和能力，往往等不及外来救援就会带来更加严重的次生灾害。因此，社区需要建立能独立运作的区域型防灾体系。

开展地震安全示范社区建设意义重大，一是可以带动全市宣传普及"防灾减灾，从社区做起"的社区安全理念，树立和弘扬地震灾害预防文化，逐步形成应对地震灾害的社区动员机制。二是地震安全示范社区建设能够使社区安全管理和应急管理的组织体系和工作机制、志愿者队伍进一步完善健全，社区抗御地震灾害的功能更加完备，使社区应对地震灾害及其他突发事件的能力显著增强。三是地震安全示范社区建设中宣传公众参与、公众受益的理念，既能丰富和提升社区的服务，也能增进社区的和谐。

2009年初国务院防震减灾联席工作会议做出了"要大力推进城市地震安全社区示范工作"的要求。2012年，中国地震局也提出了开展地震安全社区示范建设的相关要求。

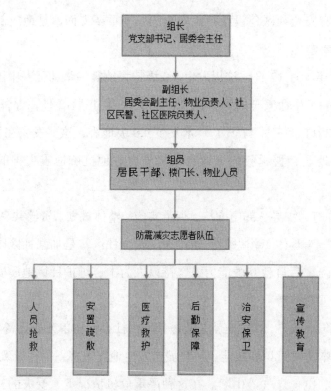

社区地震应急工作组织体系

　　为了争创地震安全示范社区，"三网一员"应紧紧围绕上述要求，制订具体的计划和制度，创建工作档案；争取各级领导的支持，获得必要的工作经费支持和相应的条件保障；与有关部门积极协调，对辖区内的居民住宅进行抗震性能鉴定和加固；排查、评估，尽量采取措施消除容易引发次生灾害的危险源；组建防震减灾宣传教育队伍，建设开展防震减灾宣传教育活动的场所和设施，开展宣教活动；掌握社区常住人口和暂住人口情况，明确震后救灾工作重点，制定和完善社区地震应急预案；定期开展防震避震应急演练；规划和建设地震应急避难场所或疏散场地，储备一定数量的地震应急装备和应急物资；建立社区地震应急工作组织体系，建立社区与公安、消防、医疗机构的应急救助联动机制；建立地震应急救援志愿者队伍并开展培训；积极开展震情、灾情的搜集、上报等工作。

十、积极保护地震监测设施及其观测环境

根据《防震减灾法》《地震监测管理条例》等有关法律法规和规章的规定，任何单位和个人都有保护地震监测设施及其观测环境的义务；禁止任何单位或者个人危害、破坏地震监测设施及其观测环境；任何单位或者个人对危害、破坏地震监测设施及其观测环境的行为，都有权检举、控告。"三网一员"尤其要积极协助有关部门做好这方面的工作。

地震监测设施是指按照地震监测预报及其研究工作的需要，对地震波传播信息和地震前兆信息进行观测、储存、处理、传递的专用设备、附属设备及相关设施，如各类地震仪及配套设施设备、观测重力场、地磁场、地电场、地应力场等地球物理信息以及地壳形变、地球化学成分等变化的仪器和设备装置、配套设施等。地震监测设施大体可分为三类：

1. 固定台站地震监测设施

每个地震台至少有一种或多种观测手段。就地震观测而言，就有多种地震仪及其一定规模的场地和配套设施，如记录近地震的短周期地震仪、记录远地震的中长周期地震仪和记录大地震的强震仪等，以及与之相配套的各种装置系统。

2. 遥测台（点）地震监测设施

设置在遥测台（点）的仪器设备及附属装置，这些遥测台（点）采用先进的遥测技术进行观测。

3. 流动观测地震监测设施

通过定期野外观测方式，进行地壳形变、地磁、地电、重力等项目观测的野外标志以及配套设备、设施、观测场地及专用道路等。

地震监测设施能够正常工作所要求的周围环境，就是人们常说的地震观测环境。它是由保证地震监测设施正常发挥工作效能的周围各种因素的总体构成。用于记录地震活动和捕捉地震前兆信息的各类地震观测仪器和设备，

需要在能够排除各种干扰因素并准确地接收、记录到真实地震信息的环境下工作。例如，测震仪器（地震仪）记录地震波信号，要求地震台（站）附近一定范围内不能有人为振动源（如爆破、各类机动车辆、各类机械生产的振动等），以免影响仪器正常工作，或是产生各种干扰掩盖了地震信息。

地磁仪、地电仪观测的是地球的磁场、电场信号，要求台址附近一定范围内，不能有影响仪器正常工作的人为磁场和电场干扰（如车辆、电缆电器设备、大量铁磁性物体等）。在地壳形变、重力测量点周围一定范围内，不得施工、堆放物品。在地震观测用井（泉）附近或相通含水层，不得大量取水和污染水源等。

地震观测环境具体的又可分为内环境和外环境两类。

所谓内环境，是指仪器工作地点附近的环境，一般指观测系统特别是观测仪器放置处的小环境。为了确保其符合法规和技术标准的要求，一般在观测站点选址建设时就采取了必要措施，力求在观测实施过程中，确保其环境参数的变化在可以控制的技术指标范围内。

所谓外环境，是指观测站（点）以外的周围空间，一般是指人为活动可能对地震观测过程造成不利影响的一定空间范围环境。

在观测站（点）建设过程中，依据国家法律法规和技术标准的要求，采取必要的规避措施或技术手段来保障观测站（点）符合环境要求。当观测站（点）建成后，如果附近要建其他各种工程设施，其选址和施工必须遵照国家法律法规的规定，符合技术标准的要求，或者退让，或者采取必要的技术手段，使可能的干扰源处于要求的空间范围之外，以保障地震观测不受各种干扰影响。

地震观测环境的保护范围，是指地震监测设施周围不能有影响其工作效能的干扰源的最小区域。地震观测环境应当按照观测手段、仪器类别以及干扰源特性综合划定保护范围，通常用干扰源距地震监测设施的最小距离划定地震观测环境保护区。这些最小距离的要求，在相关法律法规、规章和技术标准中予以规定。对于在法律法规、规章和技术标准中没有明确规定的有关地震观测环境保护最小距离的一些干扰源，如建筑群、无线电发射装置等，则通过县级以上地震部门会同有关部门按照国家标准《地震台站观测环境技术要求》规定的测试方法和相关指标进行现场实测确定。

除符合相关法律法规规定的建设活动外，禁止在已划定的地震观测环境保护范围内从事下列活动：

①爆破、采矿、采石、钻井、抽水、注水；

②在测震观测环境保护范围内设置无线信号发射装置、进行振动作业和往复机械运动；

③在电磁观测环境保护范围内铺设金属管线、电力电缆线路、堆放磁性物品和设置高频电磁辐射装置；

④在地形变观测环境保护范围内进行振动作业；

⑤在地下流体观测环境保护范围内堆积和填埋垃圾、进行污水处理；

⑥在观测线和观测标志周围设置障碍物或者擅自移动地震观测标志。

一旦发现可能危害、破坏地震监测设施及其观测环境的行为，"三网一员"人员一定要尽快向当地政府、地震部门或公安机关报告。

十一、"三网一员"人员应具备的基本能力和素质

"三网一员"的工作内容是十分丰富和繁杂的，涉及地震宏观测报、地震灾情速报、地震知识宣传等方方面面，承担着管理基层社会公共事务的职能，对于整个社区、街道（乡镇）乃至整个城市的正常运转、社会良好秩序的维持、居民的人身和财产安全的维护，都具有十分重要的作用。

为了做好基层防震减灾工作，"三网一员"人员必须具备一定的素质和能力。具体来说，主要包含以下几个方面的内容：

1. 较高的政治素质

一名合格的基层防震减灾工作者，必须具备较高的政治素质，坚持党的

基本理论、基本路线、基本政策，能以大局为重，以正确的立场观察、思考和处理问题，能透过现象看本质，是非分明；能具体、灵活地贯彻执行上级的指示。

要牢固树立为人民服务的宗旨观念和服务意识；任劳任怨，诚实为民；要有强烈的责任心，对工作认真负责，密切联系群众，关心群众疾苦，维护群众合法权益；要有较强的行政成本意识，善于运用现代公共行政方法和技能，注重提高工作效益；要乐于接受群众监督，积极采纳群众正确建议，勇于接受群众批评。

2. 依法行政能力

作为基层防震减灾工作者，要有较强的法律意识、规则意识、法制观念；要熟悉《防震减灾法》等相关法律法规，按照法定的职责权限和程序履行职责、开展工作；要准确运用与工作相关的法律法规和政策；要积极主动地宣传普及与减灾相关的法律法规和知识；要敢于同违法行为做斗争，为维护防震减灾各项工作的顺利开展营造良好的社会氛围。

3. 一定的专业知识

一名合格的基层防震减灾工作者，必须具备一定的专业知识和相关的科普知识。比如，地震监测预报、前兆观测、异常落实等，不仅涉及到地震学知识、地质学知识，还要涉及气象学、物理学、生物学等知识，只有深入了解和掌握这些知识，工作起来才能得心应手，开展防灾知识宣传工作才能深入细致，取得实效。

4. 较好的表达能力

因为要经常提交请示、总结、简明报告、正式汇报材料等，基层防震减灾工作者必须具备一定的表达能力，能够上情下达、下情上报，将自己的思想、意图，或通过口头，或通过书面完整、准确地传递给别人，才能有效地开展工作，解决问题，工作成绩才能得以被正确评估和认可。

表达的技巧很多，从最低的标准讲大致包括：语言完整，通俗易懂；逻辑清楚，首尾相顾；结构合理，节奏适宜；手势得当，声音清楚；还要能够进行即兴发挥以及可以比较顺利地回答问题。

必须注意的是，好的口才不等于口若悬河、滔滔不绝，只要能简明地表达自己的思想就行了。比如，你打报告想要一台新电脑，应该一开始就提出来，而不应该从国际环境角度，大谈信息化的趋势和新技术革命的挑战。

为了增强可读性，公文性报告要有一个明确的要点，最好开门见山，把主要意思放在开头。此外还要注意有机地组织自己的观点，使复杂的问题简单化，使对方能迅速地了解你的希望和要求。

5. 组织管理、人际协调能力

现代社会是一个庞大的、错综复杂的系统结构，绝大多数工作往往需要多个人的协作才能完成，基层防震减灾工作也不例外。"三网一员"工作人员经常要承担一定的组织管理任务，比如组织宣传、讲座、应急演练、发放应急物资等，因此，必须具备一定的组织管理、人际协调能力。

协作、组织能力中最主要的问题是安排人员。比如，要组织一次大型的演练，要做的工作很多，如安排场地、布置会场、挑选参与者、邀请嘉宾、组织群众等，这一切需要许多人协同努力，对于组织者来说，就有一个考虑针对每个成员的持长，安排适合他的角色的问题。

人们由于知识、素质、爱好、志趣、经历背景等不同，导致行为习惯、对问题的看法、处世原则等差别很大。这就要求组织者必须能够协调各种人际关系，减少内耗，激励大家求同存异，朝着共同的目标努力。

6. 观察分析、调查研究能力

在现代社会中，无论是决策还是管理，无论是制订计划，还是处理各类问题，都需要了解情况。"三网一员"的宏观测报、灾情速报和地震知识宣传，更是要在充分了解情况的前提下才能做好。了解情况就是调查。学会调查研究是做好基层防震减灾工作不可缺少的基本功。

为了尽可能搜集到完整、准确的信息，除了对现成的材料进行归纳、整理外，还要运用调查研究、现场查看、当面询问、电话查访等方法，进行更深层次的了解和搜集。

在收集信息过程中必须做到目的要明确。在收集信息之前，必须考虑好为什么收集，干什么用，要达到什么目的，对这些问题要做到心中有数。

要确保材料可靠，不仅信息质量要高，还要有相当的可信度和精确度。

要有一套求实的办法。如我们为了防止传输错误，应反复核对；尤其要重视实地观察，获取第一手材料等。

一般信息都具有三个特性：一是事实性。事实是信息的中心价值，不符合事实的信息就没有价值。二是滞后性。任何信息总是产生、传达在事实之后的。信息再快，也有滞后性。三是不完全性。任何关于客观事实的知识都不可能包揽无遗，因此对信息必有所取舍，只有正确的取舍，才可能正确地使用信息。

要学会对信息进行分析研究，辨别真伪，加工整理。有很多信息在产生、传递过程中，由于受各种条件的影响，可能出现虚假或真伪混杂现象。这就需要进行分析、审查、鉴别、筛选、分组、比较、汇总等加工整理。通过"去粗取精"、"去伪存真"的加工整理，剔除其虚假、错误部分，肯定其真实、正确部分。

基层防震减灾工作者要坚持实践第一的观点，实事求是，讲真话、写实情；要充分利用民间的才智，掌握科学的调查研究方法；要善于发现问题、分析问题，准确把握事物的特征，积极探索事物发展的规律，预测发展的趋势，积极而及时地向有关部门提出解决问题的意见和建议。

7. 应对意外和突发事件的能力

特有的地质构造条件和自然地理环境，使我国成为世界上遭受自然灾害最严重的国家之一。灾害种类多、分布地域广、发生频率高、造成损失重是我国的基本国情。包括地震灾害在内的难以预料和难以控制的自然灾害时有发生，防灾减灾工作形势严峻。而我国广大农村基本上处于不设防状态，应对自然灾害和公共卫生事件的能力尤为薄弱，在大震、大水、大旱和地质灾害中伤亡非常严重。自然灾害、事故灾难、公共卫生事件和社会安全事件等各类突发事件经常互相影响、互相转化，导致次生、衍生事件或成为各种事件的耦合。当今，水、电、油、气、通信等生命线工程和信息网络一旦被破坏，轻则导致经济损失和生活不便，重则会使社会秩序失控或暂时瘫痪。

诸多因素决定了各级防震减灾工作人员必须要具备应对意外和突发事件的能力，按照"统一领导、综合协调、分类管理、分级负责、属地管理为主"的应急管理体制，基层的应急准备水平和第一响应者的应急能力显得尤为重要。

一旦遭遇突发事件，"三网一员"人员往往是启动应急预案后的"第一响应者"，因此，必须具备一定的研判力、决策力、掌控力、协调力和舆论引导力，学会及时、准确、全面地做好突发事件信息报告、研判工作。突发事件的信息要即到即报、及时核实、加强研判、随时续报。"速报事实，慎报原因"，坚决杜绝迟报、漏报、谎报、瞒报。要坚持主动、及时、准确、有利、有序的原则，做到早发现、早报告、早研判、早处置、早解决的"五早"原则，在各种突发事件和危机面前，既要冷静，又要勇于负责，敢于决策，敢于担当，整合资源，调动各种力量，有序应对突发事件。而这些素质和能力，要依靠平时的训练和积累。

基层防震减灾工作任重道远，"三网一员"人员要牢固树立宗旨意识、忧患意识、责任意识、大局意识、创新意识、科学意识，加强学习，提高能力，努力把基层防震减灾工作推向前进。

 实践与思考

➤ 问题与思考

（1）我国防震减灾工作的基本方针是什么？你对这一方针是如何理解的？

（2）群测群防在防震减灾工作中具有什么样的重要意义？作为"三网一员"的人员，怎样才能更好地发挥自己的作用？

（3）"三网一员"人员应具备怎样的素质？为了提高自己的能力，你打算怎样去努力？

阅读建议

（1）请仔细阅读《防震减灾法》，想一想哪些规定和自己的关系最密切？

（2）建议经常登陆中国地震局（http：//www.cea.gov.cn/）和自己感兴趣的省级地震局（如北京市地震局http：//www.bjdzj.gov.cn/）官方网站，了解有关法律法规信息、各种防震减灾信息和相关工作动态。

实践和探索

（1）如果有条件，建议参观当地省或市、县地震局、地震应急指挥部，了解地震部门的职能职责和当前工作中所面对的挑战。想一想作为基层防震减灾工作者，该如何面对这些挑战？

（2）调查你所在社区的建筑环境，看看哪些设施在地震发生时会出现危险，和社区居民交流，提出具体的整改措施，制订安全逃生计划，增强大家的安全防范意识。

第二章

"三网一员"必备的地震科普知识

虽然地震是地球上经常发生的一种自然现象，但是影响地震灾害大小的因素既有自然因素，也有社会因素，人类活动也强烈地影响着灾害的损失大小。就目前科学技术发展水平来说，地震灾害是我们人类所不能改变和不可抗拒的；但人类正努力在寻求减轻财产损失、降低人员伤亡的途径和方法，在这些方面人类是大有可为的。随着科学技术的发展，人类与自然灾害的斗争经验日益丰富。虽然对破坏性地震这种自然现象我们无力制止，但完全可以依赖人类的聪明才智，普及防震减灾知识，充分发挥社会组织的功能，协调全民的行动，有意识地把人类的积极作用充分发挥出来，努力把地震灾害所造成的损失减小到最低程度。

一、地震是一种常见的自然现象

地球是目前人类所知宇宙中唯一存在生命的天体。地球诞生于 45.5 亿年前，而生命则诞生于地球诞生后的 10 亿年内。地球的物理特性和它的地质历史轨道，使得地球上的生命能周期性地持续。

地球的内部结构为一同心状圈层构造，由地心至地表依次分化为地核、地幔、地壳。地球地核、地幔和地壳的分界面，主要依据地震波传播速度的急剧变化推测确定。

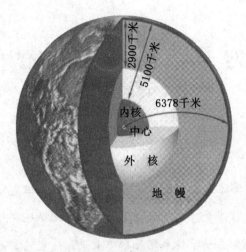

地球的内部结构图

　　地球运动的形式多种多样，一方面地球在浩瀚宇宙中高速飞行；另一方面地球内部也在不断地运动变化着。地壳无时不在运动，但一般而言，地壳运动速度缓慢，不易为人感觉。特别情况下，地壳运动可表现得快速而激烈，那就是地震活动，并常常引发火山喷发、山崩、地陷、海啸。

　　地震就是因地球内部缓慢积累的能量突然释放而引起的地球表层的振动。它是一种经常发生的自然现象，是地壳运动的一种特殊表现形式。强烈的地震会给人类带来很大的灾难，是威胁人类的一种突如其来的自然灾害。

　　根据引起地壳震动的原因不同，可以把地震分为构造地震、火山地震、陷落地震和诱发地震，等等。构造地震也叫断裂地震，是由于岩层断裂，发生变位错动，在地质构造上发生巨大变化的地震。目前世界上发生的地震90%以上属于构造地震。

　　地球上每年约发生 500 多万次地震。也就是说，每天要发生上万次地震。不过，它们之中的绝大多数或震级太小，或发生在海洋中，或离我们太远，我们感觉不到。

对人类造成严重破坏的地震，即7级以上地震，全世界每年大约有一二十次；像汶川那样的8.0级特大地震，每年大约一两次。

由此可见，地震和风、雨、雷、电一样，是地球上经常发生的一种自然现象。多年来，在世界各地，包括在中国，大小地震不断。我们几乎每天或者三天两头都能听到有关地震的消息。特别是近几年来，我们听到很多有关地震，尤其是大地震、灾害性地震的消息。

二、"三网一员"人员应掌握的几个基本概念

防震减灾方面的概念很多，为了便于开展工作，"三网一员"人员起码要了解和掌握如下一些最基本的概念：

1. 发震时刻

发生地震的开始时间称为发震时刻。它和地震的发生地点和地震的强度一起称为地震的三个基本要素。国际上使用格林尼治时间，中国使用北京时间标示。2008年汶川地震的发震时刻是5月12日北京时间14时28分。现代地震目录中给出的地震的发震时刻，通常是通过分析地震所在区域台网记录所计算出来的结果。

2. 地震的强度

当前对于地震强度的表述方法，主要有两类：震级和烈度。

震级是表示地震本身大小的量度指标，目前比较常用的是里氏震级和矩震级。

按震级大小，可把地震划分为以下几类：

弱震——震级小于3级。如果震源不是很浅，这种地震人们一般不易觉察。

有感地震——震级等于或大于3级、小于或等于4.5级。这种地震人们能够感觉到，但一般不会造成破坏。

中强震——震级大于4.5级、小于6级。属于可造成破坏的地震，但破坏轻重还与震源深度、震中距等多种因素有关。

强震——震级等于或大于 6 级。其中震级大于等于 8 级的又称为巨大地震。

同样大小的地震，造成的破坏不一定相同；同一次地震，在不同的地方造成的破坏也不一样。为了衡量地震的破坏程度，科学家又"制作"了另一把"尺子"——地震烈度。地震烈度与震级、震源深度、震中距，以及震区的土质条件等有关。

一般来讲，一次地震发生后，震中区的破坏最重，烈度最高，这个烈度称为震中烈度。从震中向四周扩展，地震烈度逐渐减小。所以，一次地震只有一个震级，但它所造成的破坏，在不同的地区是不同的。也就是说，一次地震，可以划分出好几个烈度不同的地区。这与一颗炸弹爆炸后，近处与远处破坏程度不同的道理一样。炸弹的炸药量，好比是震级；炸弹对不同地点的破坏程度，好比是烈度。

我国把烈度划分为 12 度（通常用罗马数字表示），不同烈度的地震，其影响和破坏大体如下：

小于Ⅲ度——人无感觉，只有仪器才能记录到；

Ⅲ度——悬挂物轻微摆动，在夜深人静时人有感觉；

Ⅳ～Ⅴ度——大多数人有感，睡觉的人会惊醒，吊灯摇晃；

Ⅵ度——人站立不稳，器皿倾倒，房屋轻微损坏；

Ⅶ～Ⅷ度——房屋受到损坏，地面出现裂缝；

Ⅸ～Ⅹ度——房屋大多数被破坏甚至倒塌，地面破坏严重；

Ⅺ～Ⅻ度——房屋大量倒塌，地形剧烈变化，毁灭性的破坏。

3. 震源

地球内部发生地震的地方叫震源，也称震源区。它是一个区域，但研究地震时，常把它看成一个点。

4. 震源深度

如果把震源看成一个点，那么这个点到地面的垂直距离就称为震源深度。

按照震源深度的不同，地震可划分为如下几类：

浅源地震——震源深度小于 60 千米的地震；也称为正常深度地震。世界上大多数地震都是浅源地震，我国绝大多数地震也为浅源地震。

中源地震——震源深度为 60 ~ 300 千米的地震。

深源地震——震源深度大于 300 千米的地震。目前世界上记录到的最深的地震，震源深度约为 700 多千米。

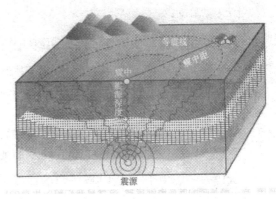

震源、震中和震中距示意图

有时也将中源地震和深源地震统称为深震。

同样大小的地震，震源越浅，所造成的影响或破坏越重。

5. 震中

地面上正对着震源的那一点称为震中，实际上也是一个区域，称为震中区。

汶川地震震中区示意图

（6）震中距

在地面上，从震中到任一点的距离叫作震中距。

一次地震，在不同的地方观察，震中距是不一样的。地震可按震中距不同分为三类：

地方震——震中距小于 100 千米的地震。

近震——震中距为 100 ~ 1000 千米的地震。

远震——震中距大于 1000 千米的地震。

显然，同样大小的地震，在震中距越小的地方，影响或破坏越重。

（7）地震波

地震时，振动在地球内部以弹性波的方式传播，故称作地震波。这就像把石子投入水中，水波会向四周一圈一圈地扩散一样。

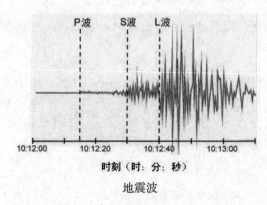

地震波

地震按传播方式被分为三种类型：纵波、横波和面波。

纵波是推进波，在地壳中传播速度为 5.5 ~ 7 千米 / 秒，最先到达震中，又称 P 波，它使地面发生上下振动，破坏性较弱。

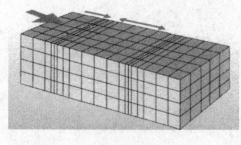

纵波示意图

横波是剪切波：在地壳中的传播速度为 3.2 ~ 4.0 千米 / 秒，稍后到达震中，又称 S 波，它使地面发生前后、左右抖动，破坏性较强。

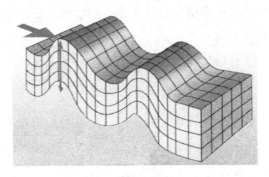

横波示意图

面波又称 L 波，是由纵波与横波在地表相遇后激发产生的混合波。其波长大、振幅强，只能沿地表面传播，是造成建筑物强烈破坏的主要因素。

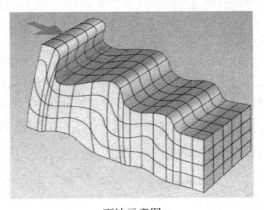

面波示意图

一般地说，在震前的一段时间内，震区附近总会出现一些异常变化。如地下水的变化，突然升、降或变味、发浑、发响、冒泡；气象的变化，如天气骤冷、骤热，出现大旱、大涝；电磁场的变化、临震前动物和植物的异常反应，等等。根据这些反应进行综合研究，再加上专业部门从地震机制、地震地质、地球物理、地球化学、生物变化、天体影响及气象异常等方面，利用仪器观测的数据进行处理分析，就可能对发震的时间、地点和震级进行预报。如 1975 年发生在辽宁海城的 7.3 级地震的成功预报，就是一例。但是，由于地震成因的复杂性和发震的突然性，以及人们现在的科学水平有限，直到今天，地震预报还是一个世界性的难题，在世界上还没有一种可靠途径和手段能准确地预报所有破坏性地震。为此，很多地震工作者和专家都在努力地探索着。

8. 地震带

地震带就是地震发生比较集中的地带，一般被认为是未来可能发生强震的地带。地震带常与一定的地震构造相联系。

从世界范围看，地震主要集中分布在三大地震带上：①环太平洋地震带；②欧亚地震带；③海岭（大洋中脊）地震活动带。

世界三大地震带

在世界不同的区域，又可划分出次一级的地震带。

三、关于地震成因的假说

由于地震的巨大破坏性，从古至今备受关注。在人类文明的历史长河里，人们一直都在探求地震发生的原因和规律，试图揭开地震的奥秘。但是由于认识的局限，只能通过一些想象来解释地震现象。我国古代就流传着一个传说：地下有一只大鳌鱼，驮着大地，时间长了它就要翻一翻身，于是大地抖动，地震就发生了。日本史书上也有类似的"地震虫"描述，认为是大鲶鱼卧伏在地下，当它发怒时，就动一动，于是就地震了。古代的印度人认为，是地下的大象发怒引发了地震。古代的欧洲人则认为，地震是上帝对人类行为不端的一种惩罚。

随着科学的发展，人们对地震的认识也逐渐摆脱了神话色彩。古希腊的伊壁鸠鲁认为，地震是由于风被封闭在地壳内，结果使地壳分成小块不停地运动，即风使大地震动而引起地震。随之出现了卢克莱修的风成说，他认为来自外界或大地本身的风和空气的某种巨大力量，突然进入大地的空虚处，在这巨大的空洞中，先是呻吟骚动并掀起旋风，继而将由此产生的力量喷出外界，与此同时，大地出现深的裂缝，形成巨大的龟裂，这便是地震。亚里士多德则提出，地震是由突然出现的地下风和地下灼热的易燃物体造成的。

20世纪伊始，科学家们开始深入研究地震波，从而为地震科学及整个地球科学掀开了新的一页。相继提出比较有影响的假说有三种：

一是1911年理德提出的"弹性回跳说"。认为地震波是由于断层面两侧岩石发生整体的弹性回跳而产生的，来源于断层面。岩层受力发生弹性变形，力量超过岩石弹性强度，发生断裂，接着断层两盘岩石整体弹跳回去，恢复到原来的状态，于是地震就发生了。

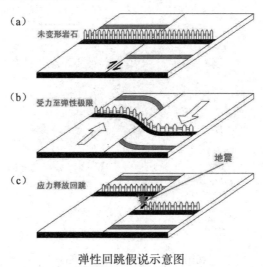

弹性回跳假说示意图

这一假说能够较好地解释浅源地震的成因，但对于中、深源地震则不好解释。因为在地下相当深的地方，岩石已具有塑性，不可能发生弹性回跳的现象。

二是1955年日本的松泽武雄提出地下岩石导热不均，部分熔融体积膨胀，挤压围岩，导致围岩破裂产生地震，这是所谓的"岩浆冲击说"。

三是美国学者布里奇曼提出，地下物质在一定临界温度和压力下，从一种结晶状态转化为另一种结晶状态，体积突然变化而发生地震的"相变说"。

虽然地震之谜迄今没有完全解开，但随着物理学、化学、古生物学、地质学、数学和天文学等多学科叫交叉渗透，深入发展，相信我们最终一定能够完全破解地震的种种谜团。

四、我国是地震灾害严重的国家

我国位于欧亚大陆的东南部，东受环太平洋地震带的影响，西南和西北都处于欧亚地震带上，因而自古以来就是一个多地震的国家，拥有长达3000多年的关于地震记载的史料。

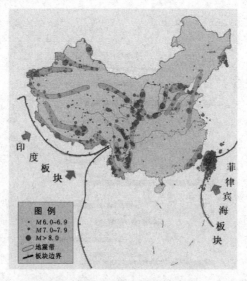

我国主要地震带和强震分布图

从我国主要地震带的分布图中可以看出，我国约有 20 多条地震带，地震分布很广。有记载以来，我国除贵州、浙江外，其他省份都发生过 6 级以上地震；60% 的省份发生过 7 级以上的地震。

全球大陆地区的大地震中，约有 1/4 ~ 1/3 发生在我国。自 1900 年至 20 世纪末，我国已发生 $4\frac{3}{4}$ 级以上地震 3800 余次。其中，6 ~ 6.9 级地震 460 余次，7 ~ 7.9 级地震 99 次，8 级以上地震 9 次。

我国地震灾害十分严重。1900 年至 20 世纪末，我国死于地震的人数已达 50 多万人，约占同期世界地震死亡人数的一半。

造成我国地震灾害严重的原因，首先是地震又多又强，而且绝大多数是发生在大陆地区的浅源地震，震源深度大多只有十几至几十千米。

其次，我国许多人口稠密地区，如台湾、福建、华北北部、四川、云南、甘肃、宁夏等，都处于地震的多发地区；约有一半城市处于基本烈度Ⅶ度或Ⅶ度以上地区，其中，百万人口以上的大城市，处于Ⅶ度或Ⅶ度以上地区的达 70%；北京、天津、太原、西安、兰州等均位于Ⅷ度区内。

我国地震灾害严重的另一个重要原因，就是经济不够发达，广大农村和相当一部分城市，建筑物的质量不高，抗震性能差，抗御地震的能力低。

五、强震和活动断裂有非常密切的关系

断层是在地球表面沿一个破裂面或破裂带两侧发生相对位错的现象。它是由于在构造应力作用下积累的大量应变能在达到一定程度时导致岩层突然破裂位移而形成的。破裂时释放出很大能量，其中一部分以地震波的形式传播出去造成地震。有的断层切割很深，甚至切过莫霍面。越来越多的地震实例让人们相信，强震与断层活动关系密切。一方面，大地震总会在地表造成破裂，形成新的断层。另一方面，这些强震往往发生在早已存在的活动断裂带上。

我国多年来的地震地质研究表明，绝大多数浅震均与活动的大断裂带有

关，至少表现在以下几方面：

（1）绝大多数强震震中均坐落于大断裂上或其附近，绝大多数强地震带都有相应的地表大断裂带。

据统计，我国大陆大于或等于7级的90多次历史强震，其中有80%以上地震震中位于规模较大的断裂带上；我国西南地区Ⅷ度及Ⅷ度以上强震，绝大多数发生在断裂带上。这一事实有力地证明了地震的分布和存在的断裂有着密切的成因联系。例如，1668年山东莒县—郯城发生的8½级地震及历史上5次大于7级的强震，都是发生在郯城—庐江断裂带上；又如，1725～1983年间发生在四川甘孜—康定一带的大于或等于6级的地震达22次，大于或等于7级的地震就有9次（其中包括1973年四川炉霍7.9级地震），都是沿着现今仍在强烈活动的鲜水河断裂带分布。强震带和地壳大断裂带位置相符，很直观地给出地震是断裂活动结果的印象。

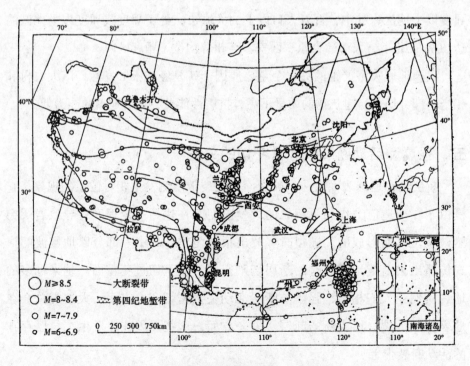

我国的强震和大断裂分布示意图

（2）强破坏性地震所产生的地震破裂带的位置、产状和位移性质，往往与当地主要活动断裂一致。

大地震发生时常沿着控制该地震的断层在地表形成破裂带，这种伴随地震而出露于地表的断层也叫地震断层。例如，华北地区北北东向的1976年唐山地震的地震断层和1966年邢台地震的地震形变带的性质和位移方向（右旋走滑量为0.80米，垂直形变量为0.44米），与该区北北东向活动断裂为右旋走滑正断层完全一致；而北西西向的海城地震断层却具有左旋走滑特征，与该区北西向活动断层性质也一致。在我国一般大于6.5级或7级以上的地震都有明显的地表断层出现。

地震产生的地表破裂反映了震源深部物质运动的方式。它与当地主要断裂构造一致，说明地震是原断裂重新活动和继续发展（侧向或向深处发展）的结果。

（3）强地震带上震中的迁移活动往往与该地主要断裂带或主要构造带相一致。

震中迁移是指强震按一定空间规律相继发生的现象。许多研究成果表明，震中迁移主要是沿着构造带进行的。比如，有史以来发生在四川甘孜—康定一带的大于或等于5级地震30多次，在地震发生时间顺序上明显沿鲜水河断裂带自南而北、自北而南迁移。

由于地壳运动产生的应力突破了断裂带上的某处岩石强度，发生重新破裂和位移，引发了地震，该处的应力得到释放；接着，处于应力场中的原断裂进行应力调整，继而在另一处所形成新的应力集中点，通过积累达到再次引发地震的程度。该断裂作为能量积累释放的一个单元，制约着地震沿该断裂在不同部位有序地发生，形成地震的迁移现象。此种迁移现象说明了地震发生和断裂带的密切联系。

地表到地壳深处有许多大大小小的断层，它们是在漫长的地质史中逐步形成的。与地震活动有关的是有新活动的那些断层。这里所说的"新活动"，是用地质年代的尺度来衡量的，其长度决非人类活动的尺度能比拟的。所谓有新活动的活断层，是指晚第四纪以来有活动的断层，即 10 ~ 12 万年来有活动的断层。

地震破坏建筑物的主要原因，一方面来自地震波在地面形成一个很大的地震运动加速度，建筑物抵御不了这种巨大运动而遭受破坏；另一方面是断层活动引起的地表错断，直接对地面建筑物造成严重破坏。

研究地震灾害情况发现，许多沿活断层带上的建筑物遭到了十分严重的破坏；而离开活断层的建筑，则相对安全得多。建筑要考虑避开可能发震的活断层，这一明显可减轻地震灾害的经验却常常被忽视，从而重演了一次次血的教训。

开展城市活断层探测与地震危害性评估工作，确定活动断层的准确位置，评估预测活断层未来发生破坏性地震的可能性和危害性，对城市新建重要工程设施、生命线工程、易产生次生灾害工程的选址，科学合理地制定城市规划和确定工程抗震设防要求，减轻城市地震灾害具有重要意义。

根据有关国家规范，在城市规划建设中，电厂、医院一类的重大工程、生命线工程都会特意避开这些活断层，并必须经过地震安全评估。现在大型住宅小区的兴建也开始考虑规避活断层的问题，并且这样的理念正在向一般的民居建设普及。人们的防震意识以及建筑物的抗震能力，较之于"无常"的大自然，是更可以和更应该把握的。

六、地震基本烈度与地震小区划

我国许多地区是强震活动区，建筑物和人民生命财产常受到地震的危害。人们在这样的地区进行建设时，其建筑物就需要考虑抗震措施，以确保生活与生产安全。为此，设计工程师首先要知道建设场区的地震基本情况，具体说就是要地震科学工作者提供基本烈度。

为什么称基本烈度呢？因为它不是某一次地震影响所致的烈度，而是用统计学方法计算得来的综合烈度，即在今后若干年，这一地区可能遭遇到的最大危险烈度。冠以"基本"二字是为了与一般使用的烈度意义有别。

为了满足大规模工程建设的需要，20世纪50年代编制了《中国地震烈度区划图》。

20世纪90年代，为了适应工程建设抗震设计的实际需要和地震科学的发展水平，原国家地震局重新编制了具有概率含义的《中国地震烈度区划图（1990）》。该图所标示的地震烈度值系指50年期限内，一般场地土条件下，可能遭遇超越概率为10%的烈度值，即达到和超过图上烈度值的概率为10%。50年超越概率为10%的风险水平，是目前国际上一般建筑物普遍采用的抗震设防标准。

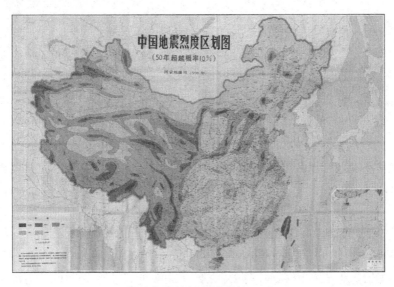

中国地震烈度区划图（1990）

2001年8月1日，吸收了我国近年来新增的、大量的地震区划基础资料及其综合研究的最新成果，与国际接轨，采用国际上最新的编图方法的国家标准《中国地震动参数区划图》（GB 18306—2001）颁布实施。它以地震动峰值加速度和地震动反应谱特征周期为指标，将国土划分为不同抗震设防要求的区域。

新建、扩建、改建一般工程的抗震设计和已建一般工程的抗震鉴定与加固，必须按照本标准规定的抗震设防要求进行。

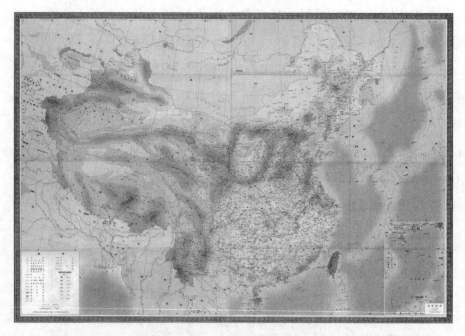

中国地震动参数区划图示意图

地震基本烈度是以Ⅱ类地基（松散土）作为标准给定的。如果工程区位于坚硬岩石地基上（Ⅰ类地基），则地震时其场地地震烈度比基本烈度低；若地基属Ⅲ类（饱水砂、淤泥等），则其场地地震烈度比基本烈度高。为了鉴定工程地段的地震烈度而进行的工程场地烈度研究，即地震烈度小区划。其依据是：①历史地震及宏观地震灾害资料；②地震仪器观测资料；③水文工程地质条件分析。

地震小区划包括地震地质灾害小区划及地震动小区划两部分。地震地质灾害小区划可用于制定城市或厂矿的土地利用规划、工程场地选择以及预测地震时因地面破坏产生震害等；地震动小区划则用于提供抗震设计、加固及预测结构振动破坏等的地震输入，即提供一套设计地震动参数（峰值、反应谱等）。

地震小区划的目的可以概括为：预测某一城市或厂矿范围内可能遭遇到

的地震破坏作用的分布，包括地面破坏作用的分布和设计地震动参数的分布。其成果多用比例尺 1∶10000 ～ 1∶500000 的区划图表示。

七、伴随地震可能产生的宏观现象

一定大小的地震都会在震中及其附近地区造成一些现象，其中那些即使不用专门仪器，仅凭人的感官就能发现的现象，被称为地震的宏观现象。地震宏观现象一般可分四类：人的感觉、物体的反应、地表破坏和房屋等各类结构物的破坏等。

显然，地震大小不同，这四类宏观现象出现的范围、强烈程度也不相同。地震引起这些宏观现象主要是由于破裂与震动两种因素。一般说来，这两种因素只在震中及一定范围里起作用。上述宏观现象，尤其是后两类破坏现象，只在较小的范围里出现。但是，某些巨大地震发生后，也可能影响波及到上千千米之外。

1.人的感觉

早期的学者倾向与认为，3级以上的地震人们才会有感。在过去的几十年里，人们碰到很多2级左右地震就有人感觉到的例子。这也许是因为我国各级政府成立地震工作机构，研究和关心地震的人越来越多，能够发现的有感现象也越来越多的缘故。

人对地震的感觉往往有三种途径：一是通过坐着的凳椅、站立的地面或躺着的床铺直接感觉到振动；二是看见周围的物体，尤其是吊挂的电灯与某些容易晃动的物体在振动；三是听到周围某些物体振动的声音。

每一个人对振动感觉的灵敏程度是不一样的。对振动感觉灵敏程度一样的人，地震时，在楼上、在地面或在地下室，感觉也是不一样的。在楼上的感觉强，在地面的次之，在地下室的弱。

关于地震有感强弱程度，通常可分为：无感，有感，明显有感，强烈有感，惊恐，站立不稳，摔倒等。

描述一次地震有感强度还必须注意有这种感觉的人的多寡：个别，少数，多数，大多数，普遍等。对于所感觉到振动的性质也有上下颠簸、水平摇摆等不同。水平摇摆还可分出具体的方向。

有感范围与地震大小有关。地震越大，有感范围越大。有感程度与有感范围还与震源深度有关。震源越浅，地面上越容易感觉到轻微的震动。可是，对于较强的地震来说，震源深，震中的破坏不重，有感范围却很大。

2. 物体的反应

当地震不很强，或者虽然地震很强，但距离较远，房屋及各种结构物还不会被破坏，室内外各种物体却可能出现反应。如桌上、柜架上摆着的小用品，堆放的书籍，地上放置的日用品，墙上和天花板上挂的灯具与装饰品，在地震时都可能摇摆、移动、坠落或翻倒。器皿中的液体也可能振荡和溢出。尤其是底面积小、重心高的物体容易翻倒，悬挂不牢的装饰品容易坠落。物体反应程度可以反映振动强弱，也可用来分析振动的一些特性。如桌面上茶杯在原处上下跳动，说明振动是垂直向的。物体倾倒方向，有时也能用来判断水平向振动的方向。

3. 地表破坏

地震可能在震中区造成地裂缝、崩塌、滑坡、泥石流以及鼓包、喷砂冒水等地表破坏现象。

地震在地球表面造成的各种裂缝都是地震地裂缝。当地震烈度达Ⅳ度，在河岸和松软土上就可能出现细小裂缝。地震越大，可能造成的地裂缝规模越大。不过，地震地裂缝的规模不仅与地震大小有关，还与地表情况、错动特征等因素有关。一般来说，在我国西部高原山区，断层出露较好，发生强震造成的地裂缝也往往规模较大，清晰可见；而在华北平原地区，地表土壤覆盖很厚，断层常常被掩盖，发生强震的地裂缝也常常不如西部的发育。

崩塌是陡坡上的岩体或土体在重力作用下，突然发生急剧的向下崩落、滚落的现象。高峻的陡坡往往会有与边坡平行的张性垂直裂隙，地下水浸入，加深风化，削弱联结力，处于危险状态。不仅强烈的地震会造成崩塌，而且，暴雨、融雪、爆破或其他人为不当截坡，都可能造成崩塌。

斜坡上岩体或土体在重力作用及水的参与下，沿着一定的滑动面整体下滑的现象称滑坡。泥石流是斜坡上的厚层风化土石被水浸润饱和后，在重力作用下，往斜坡下缓慢（有时迅速）流动的现象。前者强调岩体或土体沿着滑动面做整体下滑，后者强调风化土石被水浸润饱和后往斜坡下流动，两者是有区别的。它们又是相近的山地灾害，有时还会相伴发生。滑坡与泥石流的形成必须具备地貌斜坡、岩性疏松、结构多裂隙以及富含水等基本条件。地震引起这类不稳定边坡的土体内部结构变化，或使土层液化，诱发滑坡与泥石流发生，或震动使老滑动面松动，促使老滑坡再活动。

在大地震的破裂带中还可能出现挤压性质的鼓包和拉张性质的塌陷。在地下水位较高的地方，地震的强烈震动会使含水粉细砂层液化，地下水夹带砂子经裂缝或其他通道喷出地面，形成喷砂冒水现象。

4. 房屋等各类结构物的破坏

强烈地震造成房屋、构筑物、桥、坝、路堤等各类结构物破坏，是造成人员伤亡和财产损失的直接原因。因此，这是最重要的地震宏观现象之一。房屋等各类结构物的破坏，不但与地震的强弱有关，而且与房屋等结构物本身的抗震性能有关。房屋等结构物的抗震性能取决于建筑材料、结构类型和施工质量等多种因素。人们在地震现场看到的结构物的破坏现象，是这两类因素综合作用的结果。

八、地震可能引发的各种灾害

2008年5月12日14时28分，四川汶川—北川一带突发8.0级强震，大地颤抖，山河移位，满目疮痍……这是新中国成立以来破坏性最强、波及范围最大的一次地震。此次地震重创约50万平方公里的中国大地。震中烈度最大达XI度，造成69227人遇难，374643人受伤，失踪17923人。地震所造成的直接经济损失超过 8000 亿元人民币。

实际上，造成重大损失的地震在全球并不少见，不管是国内还是国外，都屡有发生。比如，1976 年 7 月 28 日的唐山地震，造成 24.2 万人死亡，16.4 万人重伤，倒塌房屋 530 万间，直接经济损失 100 亿元以上……

据考证，地面破坏程度最大的地震，是 1964 年美国阿拉斯加安克雷奇市大地震。这次地震的震中位置在城东 130 千米左右的威廉王子湾，震动持续了 4 分钟。城市的主干道被一条宽 50 厘米的裂缝分成两半，一半下沉了约 6 米。阿拉斯加南海岸的悬崖滑入了海中。地震发生后，海啸随之而来，把一艘艘船只抛向内陆深处。地震使地表水平位移最大达到 20 米，震源断层位移最大达到 30 米，被公认为是当今地面破坏、地壳变动最大的地震。

震级最高的地震是 1960 年的智利大地震。当年从 5 月 21 日开始的一个月里，在智利西海岸连续发生了多次强烈地震，其中 5 月 22 日发生的矩震级为 9.5 级，成为迄今为止震级最高的地震。这次罕见的地震过后，从智利首都圣地亚哥到蒙特港沿岸的城镇、码头、公用及民用建筑或沉入海底，或被海浪卷入大海，仅智利境内就有 5700 人遇难。地震后 48 小时引起普惠火山爆发。地震形成的海浪以每小时 700 千米的速度横扫太平洋，15 小时后，高达 10 米的海浪呼啸而至袭击了夏威夷群岛。海浪继续西进，8 小时后 4 米高的海浪冲向日本的海港和码头。在日本岩手县，海浪把大渔船推上了码头，跌落在一个房顶上。这次海啸造成日本 800 人死亡，15 万人无家可归。

引起最大火灾的地震是 1923 年的日本东京大地震。那年 9 月 1 日 11 时 58 分，伴随着一阵方向突变的怪风，地下发出了雷鸣般的巨响，大地剧烈摇晃起来，建筑物纷纷坍塌，同时引起了熊熊大火。这一古老的城市木屋居多，街道狭窄，消防滞后，结果使东京遭受了毁灭性的破坏。大火整整烧了三天三夜，直至无可再烧，全城 80% 的死难者惨死于震后的大火中，全城 36.6 万户房屋被烧毁。火灾尚未停息，海啸引起的巨浪又接踵而至，摧毁了沿岸所有的船舶、港口设施和近岸房屋。这次大地震摧毁了东京、横滨两大城市和许多村镇，14 万多人死亡或失踪，10 多万人受伤，死亡或失踪人数比持续 19 个月的日俄战争（13.5 万人）还多，财产损失达 28 亿美元，比日俄战争多 5 倍。这是现代地震史上，除我国海原地震和唐山地震之外，伤亡最多的一次震灾。

地震史上死亡人数最多的地震是 1556 年的中国陕西华县大地震。据史书记载，1556 年 1 月 23 日，陕西华县发生 8 级地震。造成的死亡人口之多，在古今中外地震史中实属罕见。史料记载："压死官吏军民奏报有名者 83 万有奇，其不知名未经奏报者复不可数计。"这次地震重灾区面积达 28 万平方公里，分布在陕西、山西、河南、甘肃等省区；地震波及大半个中国，有感范围远达福建、两广等地。

一次破坏性地震，往往会引起各种灾害，主要表现在以下几个方面：

1. 地震的直接灾害

破坏性地震发生时，地面剧烈颠簸摇晃，直接破坏各种建筑物的结构，造成倒塌或损坏；也可以破坏建筑物的基础，引起上部结构的破坏、倾倒。建筑物的破坏导致人员伤亡和财产损失，形成灾害。这种直接因地面颠簸摇晃造成的灾害，称为地震的直接灾害。

地震的直接灾害

2. 地震的次生灾害

地震还会间接引发火灾、水灾、毒气泄漏、疫病蔓延，等等，称为地震的次生灾害。例如，地震时电器短路引燃煤气、汽油等会引发火灾；水库大坝、江河堤岸倒塌或震裂，会引发水灾；公路、铁路、机场被地震摧毁，会造成交通中断；通讯设施、互联网络被地震破坏，会造成信息灾难；化工厂管道、贮存设备遭到破坏，会形成有毒物质泄漏、蔓延，危及人们的生命和健康；城市中与人民生活密切相关的电厂、水厂、煤气厂和各种管线被破坏，会造成大面积停水、停电、停气；卫生状况的恶化，还能造成疫病流行，等等。

特别是人口稠密、经济发达的大城市，现代化程度越高，各种各样的现代化设施错综复杂，次生灾害也越严重。所以，大城市应特别重视对次生灾害的防御。

3. 地震造成的其他破坏现象

大地震对自然界的破坏是多方面的。如大地震时出现地面裂缝、地面塌陷、山体滑坡、河流改道、地表变形，以及喷砂冒水、大树倾倒等现象。

如果大地震发生在海边或海底，还会形成海啸。狂涛巨浪发出飓风般的呼啸声，向四周海岸冲去，造成巨大损失。

4. 地震恐慌也会带来损失

破坏性地震的突发性和巨大的摧毁力，造成人们对地震的恐惧。有一些地震本身没有造成直接破坏，但由于人们明显感受觉到了，再加上各种"地震消息"广为流传，以致造成社会动荡而带来损失。这种情况如果发生在经济发达的大中城市，损失会相当严重，甚至不亚于一次真正的破坏性地震。

如唐山地震后，地震谣言、谣传此起彼伏，我国东部地区大范围内群众产生普遍的恐震心理，在长达半年多的时间里，很多人不敢进屋居住，最多时约有4亿人住进防震棚，打乱了正常的生产、生活和工作秩序，给国家经济社会造成重大影响。由于农村文化教育水平偏低，在一些交通闭塞地区，防震减灾意识几乎为零，因而个别地区封建迷信活动伺机兴风作浪，1976年8月27日四川省安县红光村的反动会道门制造地震谣言，蛊惑群众，造成61人集体投水，41人溺水死亡。

由于缺乏知识，轻信谣言，人们会因恐慌而停工、停产、停课；会到银行大量提款；会因成群外逃"避震"造成交通堵塞；甚至会跳楼避险或互相挤踏，引发交通事故，造成伤亡。像北京、上海这样的现代化大都市，如果发生地震恐慌，仅停工一天，就会造成数亿元的经济损失。这类因地震恐慌而造成的社会"灾害"，越来越引起人们的广泛关注。

九、地震灾害有很多独特的特点

地震造成的危害不仅取决于地震的强度、震源深度及地震本身的其他要素，还与震中位置、发震时间、地质背景及受灾地区的工程、水文地质和地貌条件，与建筑物的结构、材料及施工等情况有关，并因上述各因素的不同组合造成种类不同、形式各异的灾害。就各种自然灾害所造成的死亡人数而言，世界上死于地震的占各种自然灾害死亡总人数的58%。地震以其突发性及释放的巨大能量在瞬间造成大量建筑物和设施的毁坏而成灾，因而使人们对地震产生了一定的恐惧心理，甚至在某些人群中几乎是"谈震色变"。确实，和其他自然灾害相比，地震灾害的确有很多独特的特点：

1. 瞬间突发性

通常，震源的形成十分短暂。内陆大地震的破裂面大约几十千米（如炉霍7.6级、通海7.7级地震等）到几百千米（如昆仑山口西8.1级地震等）长，内陆强震严重破坏主要在几千米到几十千米的范围里。地震破裂的扩展速度大约每秒几千米，这样，一次7级、8级地震的震源的形成，一般只需几十秒，最多到一百几十秒。而且，由于地震波传播速度很快，也是每秒几千米，比破裂扩展速度还要快一点，从地震发生到城市建筑物开始振动，在大多数的情况下，也只需几秒到十几秒的时间。建筑物在经受如此巨大的振动时，经不住几个周期（震中距为几十千米的地震波周期一般仅零点几秒），作用力已超过建筑物的抗剪强度，遭到破坏，甚至倒塌。不少灾害突然发生，都会让人感到祸从天降，不知所措。而遇到地震灾害时，这种感觉最强烈。发生大地震，顷刻之间，房倒屋塌，一座城市变成一片废墟。

1920年12月26日在我国西北甘肃与宁夏交界处的海原县发生了8.5级地震，在大地十几分钟疯狂的颤抖中，使东起固原经西吉、海原、静宁，西迄景泰的约2万余平方公里的极震区内，山崩地裂，房倒屋塌，山河改观，哀鸿遍野。地震有感范围遍及北京、上海、广州及越南的西贡。极震区烈度Ⅻ度，区内海原、固原、静宁和西吉四县城全部被毁，海原县城除一座钟楼外，其余建筑物和崖窟、拱窟尽数倒塌，居民被压于瓦砾、土块之下，造成了绝大多数人员伤亡，几乎全村被埋，所剩无几。

地震灾害的瞬间突发性是其他任何自然灾害不能比拟的。旱涝等气象灾害是出现的比较频繁的自然灾害。天不下雨，要持续几十天才能形成旱灾。由于干旱引起的森林火灾，更是要长时间干旱才会出现。暴雨成灾，至少也要在当地持续下几小时特大暴雨才形成。上游暴雨，洪峰更要经过几天时间，才可能到达并对中下游的城镇和农田构成水灾威胁。台风从太平洋上空形成，到东南沿海登陆也必须几小时到几天的时间。滑坡、泥石流虽有较强突发性，但往往伴随在暴雨或地震之后，而且，常常会先有地裂、轻微滑动等先兆。比较起来，则地震灾害形成的过程更快，瞬间突发性更显著。况且，滑坡、泥石流灾害的损失和影响也是无法与大地震灾害相比的。

2. 灾害重，死亡人数最多

强震释放的能量是十分巨大的。一个5.5级中强震释放的地震波能量，大约相当于2万吨TNT炸药所能释放的能量。或者说，相当于二次大战末美国在日本广岛投掷的一颗原子弹所释放的能量。而按地震波能量与震级的统计关系，震级每增大1级，所释放的地震波能量将增大约31倍。一次7级、8级强震的破坏力之大，可想而知。

如此巨大的地震能量瞬间迸发,危害自然特别严重。相对于其他自然灾害,死亡人数之多,是地震灾害更为突出的特点。仅 20 世纪以来 100 多年时间里,死亡人数超过 20 万的就有 3 次:1920 年宁夏海原 8.5 级地震造成 23.5 万人死亡,1976 年唐山 7.8 级地震死亡 24.2 万人,2004 年印尼苏门答腊 9.0 级地震死亡 28 万人。

地震由于突发性强、伤亡惨重、经济损失巨大,它所造成的社会影响也比其他自然灾害更为广泛、强烈,往往会产生一系列的连锁反应,对于一个地区甚至一个国家的社会生活和经济活动会造成巨大的冲击。它波及面比较广,对人们心里上的影响也比较大,这些都可能造成较大的社会影响。

3. 震害损失和经济发展程度密切相关

通常,经济越发展,城市化程度越高,地震可能造成的灾害越严重。

昆仑山口西 8.1 级地震的震级比唐山 7.8 级地震的大,造成的地震破裂带也比唐山地震的长得多,但造成的灾害损失却小得没法比。为什么?就因为震中地区的经济发展水平没法比。前者是荒无人烟的高原,后者是工业城市。又如,美国洛杉矶附近曾于 1971 年和 1994 年先后发生 6.6 级和 6.8 级地震,两次差不多大小的地震几乎发生在同一地点,但 1971 年地震的经济损失为 5 亿美元,而 1994 年地震的经济损失达 170 多亿美元。其主要原因就在于从 1971 年到 1994 年该地区经济和社会财富有了巨大增长。

中国目前属于经济增长最快的国家,也是城市化速度最快的国家之一。现在或今后发生地震,可能遭受的灾害将比以前严重得多。

与洪水、干旱和台风等气象灾害相比,地震的预测要困难得多,地震的预报是一个世界性的难题,同时建筑物抗震性能的提高需要大量资金的投入,要减轻地震灾害需要各方面协调与配合,需要全社会长期艰苦细致的工作,因此地震灾害的预防比起其他一些灾害要困难一些。

当然,随着经济的高速发展,通过加强设防和宣传等措施,也可能在很大程度上减少地震灾害损失。

4. 地震灾害分布具有不均匀性

世界强震主要分布在环太平洋地震带和地中海—南亚地震带。其中不少大地震发生在远离城市的海沟或荒无人烟的高原山区，如果不引起海啸，这些地震不会造成很有影响的灾害。因此，世界地震灾害主要分布在环太平洋带沿岸和地中海—南亚地震带及其附近人口相对密集、经济比较发达的地区。

我国强震频度西部显著高于东部，而造成死亡人数超过万人的地震，以华北与西北的东部居多。青藏高原及其附近荒无人烟的断裂带发生的大地震，也不会造成大量人员伤亡或巨大经济损失。死亡人数超过20万的4次地震（唐山地震、海原地震、华县地震和1303年9月25日山西洪洞8级地震），都发生在华北，或者说是古代的中原地区及其附近。因为这里历史悠久，从古代就人口密集，经济、文化发达，遭遇大地震，灾害就特别严重。

5. 次生灾害种类繁多

地震瞬间巨大作用力，可能直接摧毁建筑物，造成严重的灾害。地震除了造成直接灾害，可能引起的次生灾害种类很多，如滑坡、泥石流、火灾、水灾、瘟疫、饥荒等。由于生产设施和交通设施受破坏造成的经济活动下降，甚至停工停产等间接经济损失，以及因为恐震心理、流言蜚语及谣传引起社会秩序混乱和治安恶化造成的危害等，也可列为地震次生灾害。

这些次生灾害之间还可能有因果关系。也就是说，有的次生灾害还可能造成再下一个层次的次生灾害。例如，如果滑坡、泥石流堵塞了江河后被冲决，又可能导致水灾。

比如，1786年6月1日四川康定南7.5级地震，大渡河沿岸山崩引起河流壅塞，断流10天后突然溃决，水头高10丈的洪水汹涌而下，淹没百姓超过10万人，就是"地震—滑坡—水灾"灾害链的典型例子。

地震灾害，无论直接灾害，还是次生灾害，只要涉及电力和油、气等能源设施，供水和排水设施，公路和铁路等交通设施，以及通信设施等，支撑城市中枢机能和居民日常生活的生命线工程，损失就格外严重。因为发达的现代化城市对这些生命线工程的依赖性很强，一旦遭到地震破坏，可能引起严重混乱，造成的社会影响和间接经济损失，也许要比这些工程被破坏的直接经济损失大很多倍。这些生命线工程往往是由一些重点设施用管道或线路连成网络系统，任何一个环节遭破坏，出现故障都可能使整个系统的原有机能大幅度下降。某些生命线工程遭灾后，还可能引发下一层次的次生灾害。如供电或供气系统被破坏，可能引起火灾。水库大坝若遭破坏可能引起水灾等。

铁路、公路及其桥梁遭受地震破坏，阻碍客货运输，也会造成巨大间接经济损失。实际上，当时就严重影响抗震救灾工作。

6.地震灾害的轻重和场地条件关系很大

许多震害现场调查表明，场地条件对建筑物震害轻重影响很大。所谓场地条件，一般指局部地质条件，如近地表几十米到几百米的地基土壤、地下水位等工程地质情况、局部地形，以及有无断层带通过等。

一般来说，软弱地基与坚硬地基相比，自振周期长、振幅大、振动持续时间长，震害也就重，容易产生不稳定状态和不均匀沉陷，甚至发生液化、滑动、开裂等更严重的情况，致使地基失效。地基和上部建筑结构是相互联系的整体，地基土质会影响上部结构的动力特性。有专家做过对比研究指出，在厚的软弱土层上建造的高层建筑的地震反应，比在硬土上的反应大3～4倍。

地下水位高的松散砂质沉积地基，遭遇地震更容易发生砂土液化，出现喷砂冒水现象，地面上的房屋可能由于地面不均匀下沉而倾斜。

如果发震断层从工程场地通过，造成破坏的力不只来自震动，断层位错本身就会引起地基失效，造成各种破坏。至于非发震断层情况则不同，没有错断和撕裂的危险，主要是断裂破碎带作为地基场地条件的影响。

在地震现场宏观调查中常发现，在孤立突出的小山包、小山梁上的房屋的震害要重一些。也有人发现，在山坳里的房屋的震害可能轻一点。

7.余震和后续地震往往会加重灾情

主震已经震坏尚未倒塌的建筑物，再遭遇强余震，就很可能倒塌。一次强震之后，发生一系列余震是很普遍的事。若遇到双震或震群型地震序列的后续强震，震灾就更加严重。震灾现场紧急救援和重建家园应注意地震灾害的这一特点。

8. 灾害程度与社会和个人的防灾意识有关

众多震害事件表明，在地震知识较为普及、有较强防灾意识的情况下，可大幅度减少地震发生后造成的灾害损失；相反，则会明显加重灾情，并造成很多本不该发生的或完全可以避免的人身伤亡。1994 年 9 月 16 日台湾海峡 7.3 级地震，粤闽沿海震感强烈，伤 800 多人，死亡 4 人。此次地震，粤闽沿海地震烈度为Ⅵ度，本不该出现伤亡，伤亡者中的 90% 因缺乏地震知识，震时惊慌失措、争先恐后拥抢奔逃致伤致死。如广东潮州饶平县有两个小学，因学生在奔逃中拥挤踩压，伤 202 人，死 1 人；同次地震，在福建漳州，中小学都设有防震减灾课，因而临震不慌，同学们在老师指挥下迅速避震于课桌下，无一人伤亡。因此，加强防震减灾宣传，提高人们的防震避震技能具有非常重要的意义。

十、防御与减轻地震灾害的基本对策

人类为了减轻地震灾害，制定了一系列应对地震的战略战术，以获取一定的社会经济效益，这就是地震对策。简而言之，就是应对地震的办法和措施，也就是地震来了怎么办。地震对策是研究减轻地震灾害，获取最大社会经济效益的最佳战略战术，包括震前的预防、震时和震后的救灾、恢复重建工作及相关政策。虽然地震灾害不能完全避免，但只要制定科学合理的对策并予以实施，完全可以做到有效地减轻地震灾害损失。

地震对策要考虑两方面的问题：一是地震本身的特点和所能造成的破坏；二是人与社会对地震灾害的反应。前者是一个自然科学问题，许多环节需要继续进行长期的科学研究，才能找到明确的答案。特别是地震活动，目前只能从地震危险性评估分析和地震活动趋势估计等两个方面获得一些定性的认识；后者更多地是属于地震社会学，亟待深入研究的问题。它和一个地区的习俗传统、社会文化水平、经济发展程度以及地震活动历史都有关系，特别是在现代化的城市里，必须对交通、通信、供水、供电、医疗卫生等公用设施在遭受地震突然袭击时可能造成的破坏等，予以充分考虑，并事先做出统筹安排及有预见性的应对方案。

作为一项系统工程，地震对策主要包括：

1. 制定和完善防震减灾法律法规

加强法治，建立健全建（构）筑物抗震设防、震后重建的标准体系并在实践中付诸实施。严格按照地震动参数区划和经地震安全性评价确定的抗震设防要求，对建筑物采取抗震设防措施。对新建工程按抗震设防要求和《建筑物抗震设防规范》及各行业的有关规范或标准设计进行施工；对已建未进行抗震设防的建筑物采取抗震加固措施；加强建（构）筑物抗震设防科学技术研究。

2. 建立健全防御地震的工作体系

制定和实施防震减灾规划、计划，开展区域性地震风险评估；以城乡探测结果为必要的科学依据，将探测结果应用到规划建设中，合理规范布局，充分提高土地利用率，从而提高城乡综合抗震性能。

3. 加强地震监测预报

地震部门为预报地震提供基本的地震信息，必须合理布设地震台网、前兆观测网络及信息传输系统，以取得最好的监测效果。积极组织开展地震科研，不断提高地震预报水平。

4. 健全地震应急预案体系

制定并完善各级人民政府以及各大型企业的地震应急预案，设立抗震救灾指挥系统，建立避险和临时安置场所，编制卫生防疫计划、伤病员救治转移方案、交通管制方案、应急通信方案、预防和处置地震次生灾害方案；组建紧急救援队伍、储备应急、救灾物资、资金等。各级党委、政府应将地震等应急避难场所及疏散通道建设纳入城市规划建设，充分利用城市广场、公园、体育场馆，合理规划布局。配备必要的标志牌、线路图等设施和必要的生活用具库，有效降低地震灾害对人民生命和财产造成的损失，确保维护灾后社会稳定的目的。

5.加强防震减灾知识宣传，提高公众防震减灾意识

加强地震宏观测报、地震灾情速报、地震知识宣传网建设，明确防震减灾助理员工作职责，充分发挥"三网一员"作用，巩固防震减灾科普示范学校、社区的示范效应，通过开展防震减灾知识"进机关、进学校、进社区、进乡村、进企业"五进活动，将地震科普知识纳入各种培训，使公众更多地了解地震、认识地震，懂得基本的防震避险知识，掌握一定的自救技能，从而提高应对地震灾害的信心，消除对地震灾害的恐惧心理。

十一、有效的抗震设防能极大地减轻地震灾害损失

地震对建筑物的破坏是非常普遍的，而建筑物的破坏会造成大量人员伤亡和财产损失。据统计，地震中95%的人员伤亡均因建筑物破坏所致。因此，为使建筑物具有一定的抗震能力，就必须在设计、施工中按抗震设防要求和抗震设计规范进行抗震设防，以提高抗震能力，这是营建安居工程、保证工程安全的长远大计。

《防震减灾法》规定，新建、改建、扩建各类建设工程，应按国家有关规定达到抗震设防要求。

工程建设场地地震安全性评价是抗震设防工作的一项重要内容。

工程建设场地地震安全性评价是指对工程建设场地进行的地震烈度复核、地震危险性分析、设计地震动参数的确定、地震小区划、场址及周围地质稳定性评价及场地震害预测等工作。其目的是为工程抗震确定合理的设防要求，达到既安全，又合理的目的。

实践证明，同一地震灾害现场，设不设防，灾害大不一样。唐山地震把

一座工业城市毁于一旦,造成24.2万多人死亡,除震级高,没有短临预报外,一个重要的原因,就是不设防。以前对唐山市的地震基本烈度定低了,只有Ⅵ度。按当时的建筑规范,Ⅵ度区不设防。不过,也有极少数的建筑物没有倒塌。如有一家面粉厂,当初误拿新疆乌鲁木齐面粉厂(Ⅷ度)的图纸设计,就没倒。另外,唐山市凤凰山钢筋混凝土柱承重凉亭,建于基岩上,除柱端开裂外,基本完好。唐山市钢铁公司俱乐部,也基本完好。这说明,即使像唐山7.8级这样的大地震,如果有恰当的抗震设防,也会显著地减轻灾害损失。

包头钢铁厂在1977~1992年,使用经费4000万元,共加固厂房、民用建筑173万平方米。在1996年5月3日的包头6.4级地震中,全厂建筑破坏轻微,大部分完好无损,震后第三天就恢复了生产。而与包钢一墙之隔的包头稀土铁合金厂,因强调经费困难,各类房屋、烟囱都未经加固,地震时全厂建筑均受到中等以上破坏,半年后才恢复生产。

地震灾害的惨痛教训让人们深刻地认识到,加强抗震设防,把房子盖得结实,远比盖得漂亮和盖得高大更加重要。严格执行抗震设防标准,把房子盖得足够结实,把桥梁、水坝等各种建设工程建得足够坚固,提高建设工程抵御地震破坏的能力,当地震来袭时就能不被破坏或者受影响程度很轻,从而达到减少人员伤亡和财产损失的目的。

灾后按抗震设防要求加固或重建的房屋再次经受地震,人员伤亡和经济损失明显减轻。一般在发生过强震的地区再次发生同样强度的地震,甚至震级稍低的中强震,都会因为上一次强震已把许多房屋结构震松了,在原有破坏的基础上叠加破坏,灾害往往更加严重。可是,如果在一次地震后,吸取教训,按抗震设防要求重建家园或加固还可用的房屋,情况就可能大不一样。

1966年3月8日和22日,河北邢台先后发生6.8级和7.2级地震,震中烈度达Ⅹ度,造成8000多人死亡,3.8万多人受伤,毁坏房屋500多万间,直接经济损失10多亿元人民币。震后重建时,邢台地区提出,建筑物必须按"基础牢、房屋矮、房顶轻、施工好、连接紧"的要求。1981年邢台发生5.8

级地震，新建的抗震房基本完好无损。

1989年10月19日山西大同—阳高发生6.1级地震，震中烈度Ⅷ度，造成16万余间房屋受损，其中1万多间房屋倒塌，死亡15人，伤145人，经济损失约3.65亿元人民币。震后，在世界银行支持下震区重建家园。由于大多数房屋已按地震基本烈度加固或重建、新建，1991年3月26日原地再次发生5.8级地震，这些房屋基本完好，个别出现细小裂缝。少数未加固或重建的老旧房屋受到不同程度破坏，个别倒塌。只有1人因破窗外逃被玻璃划破股动脉血管造成死亡，另有1人重伤，伤亡人数显著减少。经济损失约5800万元人民币，比1989年6.1级地震的经济损失明显减轻。

痛定思痛，梳理设防与未设防的不同结果，抗震设防的必要性和重要性是非常明显的。在我国综合实力大大增强之际，率先应从决策者、公务员、全体国民的不同角度，树立以设防为旗帜的危机文化意识，从理论与实践、观念与能力方面强化防范危机的综合素质。作为基层防震减灾工作人员，更是应该大力宣传抗震设防的好处。

进行抗震设防，依据的是建设工程抗震设防要求。抗震设防要求就是建设工程抗震设防标准，也可以称为防震标准。

防震标准与防洪标准相似，分别用多少年一遇的地震和多少年一遇的洪水进行表述。不同类型和不同重要性的建设工程，其抗御地震的准则和风险水准是不同的。

十二、城市规划和工程建设应注重预防地震次生灾害

城市是周围地区的政治、经济和文化中心，人口集中，工商业发达，极易产生地震次生灾害，且种类多、损失严重。专家指出，城市地震次生灾害是地震次生灾害最重要的方面。

城市地震次生灾害主要有火灾、毒气污染、细菌污染、放射性污染、"环境污染"、瘟疫、冻灾、"盲目避震"、"盲目搭建防震棚"、"玻璃雨"等灾害。

专家认为，城市地震次生灾害是普遍的、严重的。有些地震的次生灾害损失并不次于震害的直接损失，甚至历史上还曾出现过由于次生灾害造成小震大灾的例子。

1906 年 4 月 18 日，美国西部太平洋沿岸城市旧金山发生一次大地震，震级 8.3 级。由于烟囱倒塌、堵塞及火炉翻倒，全市 50 多处起火。由于大部分消防站被震坏，警报系统失灵；马路被倒塌的房子堵塞，自来水管被破坏，水源断绝；火势蔓延，温度不断升高，有些本来耐火的建筑，因内部温度达到燃点而自燃起火。火灾造成的损失，比地震直接破坏的损失高 3 倍。

近几十年来，在我国城市附近地区连续发生的海城、唐山等地震，也出现了很多次生灾害，造成了一定的损失。由此看来，在地震灾害中，城市次生灾害是极为严重的。为了减轻地震灾害，要特别注意防止城市次生灾害的发生。

预防城市地震次生灾害的工作重点是：工程设防、抗震加固、设置保护性设施、防治次生灾害的思想和物质准备。

1. 工程设防

对于预防地震次生灾害，有关部门要从城市规划、场址勘探、工程设计、施工和管理等方面采取相应对策。应根据城市总体规划，按照防止次生灾害的要求，调控工业布局，把不适宜在居住区的工厂外迁。凡是生产和储存易燃、易爆、有毒物品，细菌以及放射性物质等易于产生次生灾害的工厂、仓库和货场，必须严格按照有关规定，与居民区保持足够的隔离地带。对于人口密集、商业集中的地区，应限制建造木结构房屋。

对于一般易于产生次生灾害的重要建筑，如天然气加压车间、液化石油气贮配站、弹药库、火柴库、化工企业的塔和罐以及控制系统等，应提高设防标准，房顶必须用轻质材料建成轻顶。对于存放和处理放射性物质、细菌的单位以及信息网络数据中心等机构，要按特殊、重点设防类别提高设防标准，加强抗震和安全措施。对于计算机信息储存系统，不仅要做到抗震，还应建抗异地容灾备份。

对于易于产生次生灾害的重要建筑和设施（如管道等），在选址时要注意避开地裂缝、滑坡、喷砂冒水等砂土液化严重的不利地段，若某些建（构）筑物或设施、设备必须位于这些地段时，应做好地基处理；进行设计时，就要考虑抗震措施。例如，一般在阀门、法兰盘、弯头、三通或旁通管道连接处等应力集中部位加强防震措施。再比如，架空管道容易被建筑物倒塌砸坏，因此在设计时，应尽量考虑采用地下管道的形式铺设。如果必须架空铺设时，应采用性能较好的支座及延性较好的管道结构。此外，根据实际情况，还要考虑一些特殊的防止次生灾害袭击的措施。例如，对于被木结构房屋包围的中高层建筑物，要安装防火百叶窗、门，防止火焰、浓烟、毒气进入建筑物内部。

2. 抗震加固

抗震加固包括建筑加固和设备加固，是指对已有建设工程进行抗震鉴定并加固，增设保护性设施。要有计划地对容易产生次生灾害的重要单位进行建筑物及设备的抗震鉴定，根据鉴定结果进行分类，或进行搬迁，或进行加固，并根据实际情况，有针对性地设置保护性设施。设备加固是防止次生灾害发生的重要对策之一。根据已往地震震害调查经验，对动力蓄电池、变压器、贮油、贮气以及化工企业的各种塔、罐及架空管道、化验室、实验室的药品存放架等实施加固，将可以有效减少次生灾害的发生。

3. 设置保护性设施

设置保护性设施是防止地震次生灾害的另一个重要方面。如电力企业的发电机组加设顶盖；送变电线路设置自动跳闸保护装置；化工企业配置备用冷却设备、事故放窄槽等备用设施；贮油、贮气系统安装自动切断、自动放散装置；城市地铁等轨道交通安装自动减速停车装置等。根据保护对象的特点，设置强地震动预警控制系统，必要的时候，则自动关闭设备等。

4. 在思想和物质方面做好准备

进行地震次生灾害预测，是制订防震减灾计划的基础。要根据城市地质条件和地面现状等基础资料和易于产生次生灾害的单位情况，估计一旦发生地震，可能产生的次生灾害种类、分布和危险程度，制定备震方案。

进行防治次生灾害的思想和物质准备，防震减灾宣传和基础知识的普及教育，是动员民众抗御地震次生灾害的重要对策。要采取各种方式，宣传地震次生灾害种类、产生原因、危害性以及预防和抢救方法，做到家喻户晓。对专业救援力量、志愿者、企业员工要重点教育，进行技术培训和必要的技能训练，开展模拟演习。通过宣传和教育，使各级组织、社会公众清楚，一旦地震来了，应该做什么，应该怎样去做。

十三、在不增加或少增加投资的情况下提高乡镇抗震性能

我国的乡镇建筑受着所处自然环境条件及传统文化、风俗习惯的影响，带有强烈的地方色彩，结构型式和建筑材料往往是因地制宜和就地取用，一般建筑特别是住房，都没有经过正规的设计和施工，没有充分考虑抗震性能。

多次惨痛的教训说明，在乡镇造成地震时大量人员伤亡的主要根源在于这些布局、构造不合理，没有考虑抗震基本要求，建造质量低劣的房屋大量破坏倒毁。因此，本着减轻地震灾害的目标，同时考虑到国力有限的实情，在不增加或少增加投资的情况下，提高乡镇住房的抗震性，应是当前乡镇抗震对策所追求的目标。

当前，我国乡镇抗震对策的规划目标是：当遭遇相当基本烈度的地震时，乡镇要害系统不致破坏，人民生活能得到基本保障。乡镇建设抗震设防标准是：在地震基本烈度达Ⅶ度以上的乡镇地区，即应采取措施，考虑对策。在受到设防烈度的影响时，房屋不致严重破坏，经一般修理仍可继续使用；而在较大地震时，房屋不致倒毁伤人。

目前在乡镇建设中，还缺乏因地制宜的乡镇建筑的工程抗震设防规定。由于乡镇工程抗震专业人员的缺少，再加上乡镇建设速度很快，许多建筑物乃至整个乡镇未能按工程抗震要求设计和建造。这样，就会造成低估或高估

地震危险性，不能合理利用土地和选择不适宜的抗震设防方法，等等，都会造成不应有的经济损失。因此，建设、地震有关部门主要应抓对地震区乡镇建设的指导这一环节。比如，编印通俗资料和挂图，普及工程抗震知识，培训人员，提供标准设计及加固构造图纸，举办房屋设计竞赛等。此外，还应组织对地震区乡镇进行调查研究，并提出适合当地农民生活习惯的各种有效的抗震措施。

从发展观点看，乡镇抗震所考虑的深度和广度应向城市抗震防灾水平靠拢。具体地说，乡镇抗震对策应包括如下要点：进行乡镇地震危险性评定；进行乡镇地震小区划，给出乡镇不同区域内给定值的年超过概率的地震动工程参数的分布；进行有效的土地利用规划，农村建设应避开不稳定山坡、陡崖、古河道、回填或流砂、陷坑等不利地区或地段；制定乡镇工程抗震设计规范和施工规程，必须按抗震设防标准进行抗震设计和建造；按地震小区划给出的地震动工程参数，降低乡镇易损性组成部分，并考虑设置有足够抗震能力的可用于地震避难的场所；易燃、易爆和有毒气体工厂应远离乡、镇居民点，制定有毒物品、危险物品的安全化具体措施；综合乡镇群体建筑物的特点和当地建筑材料，设计一批符合各种抗震设防标准要求规格化的乡镇建筑。

在进行农村建筑时，要注重强化建筑的抗震措施：

一是基础深一点，屋顶轻一点，布局合理点。基础宜用块石或好砖砌筑，做得深一点，稳固一点。屋顶应在满足防雨、保温等使用条件下，尽量做得薄一点，轻一些。建筑物的外形要规则，墙壁上尽量少开洞，开小洞，不要在靠近山墙的纵墙或靠近外纵墙的横墙开大洞等。

二是因地制宜，选择抗震性能良好的结构型式。农村建筑的结构型式往往是根据当地的建筑材料，采用木骨架、生土墙、砖墙（柱）、石墙或土窑洞等承重型式。其中，木骨架承重的房屋抗震性能是好的。海城地震中，即使烈度为Ⅸ度的地区，完全落架倒坍的也不多。

三是加强建筑物各部分的连接，使它们形成一个牢固的整体。房屋开间应当小，隔墙布置要均衡，可以提高房屋的整体性。这对各类墙承重房屋尤为重要。

四是保证墙体施工质量，使它具备必要的耐震强度。这是提高墙承重或结构抗震性的关键。

此外，还要注重制定乡镇生命线工程抗震设计规范，尽量做到生命线工程抗震化；积极进行乡镇居民工程抗震和减轻乡镇地震灾害的宣传和教育。

十四、了解工程中常用的隔震和减震技术

地震动引起地面上房屋以及各种工程结构的往复运动，产生惯性力，当惯性力超过了结构自身抗力，则结构将出现破坏。这就是大地震造成房屋破坏、桥梁塌落以及其他众多工程设施损毁的根本原因。

隔震是将工程结构体系与地面分隔开来，并通过一套专门的支座装置与地面相连接，形成一个隔离层，以此改变工程结构体系的动力特性，阻隔地震动能量向上传输，减小结构的地震反应程度。

抗震是硬抗，地震来了地面晃动，房屋跟着晃动，就会引起房屋倒塌。为了抗震就要加大建筑物的断面，加粗钢筋，使得房屋做得很强壮。而隔震减震技术是采用"以柔克刚"的办法，设一个柔软层，将地震隔离掉。

一般来说，抗震只是传统的方法，在很多情况下有效；而隔震减震是更加合理，更加有效，更加经济的技术手段。

19世纪末就有学者和工程技术人员提出了隔震的概念。采用基底隔震技术建造的房屋，能够极大地消除结构与地震动的共振效应，显著降低上部结构的地震反应，从而可以有效地保护结构免遭地震破坏。隔震技术依机理可以分为以下三类：

1. 柔性隔震

利用叠层橡胶支座、软钢支座等装置具有的柔性，加大结构体系的水平

自振周期，避开地震动的高频卓越频段，减小结构体系地震反应。这类支座具有水平弹性恢复力。

2. 摩擦隔震

利用金属摩擦板、聚四氟乙烯（特氟龙）滑移层和滚球或滚轴等装置的水平运动性能，借助适当小的摩擦系数，限制、减小上部结构承受的地震剪力。单纯的滑动隔震装置或滚动隔震装置的支座不具有恢复力。

3. 摆动隔震

利用摩擦摆和短柱摆等装置的曲面运动性能，加大结构体系的自振周期。这类支座具有因自身重量而产生的恢复力。此外，悬吊隔震与摆动隔震具有相同的机理。

实际使用的隔震装置，可能是具有不同机理的隔震技术的组合，而且隔震支座多与阻尼器、抗风装置和限位装置结合使用。

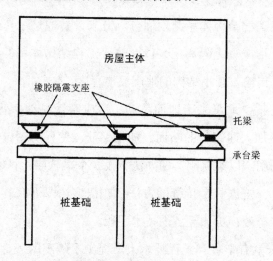

橡胶隔震支座安装示意图

减震又称为消能减振，是通过增加工程结构自身的阻尼，消耗结构振动能量，减小结构的地震反应程度。阻尼是衡量结构耗能程度的一个物理指标。比如将一把钢尺的一端固定，敲击其另一端，则两端之间的往复振动可以持续很长时间，这是由于钢尺的阻尼很小。如果这把尺子的材质是橡皮泥，则敲击后就不会发生往复振动，这是由于它的阻尼过大。正常情况下，工程结构可以视为小阻尼弹性体，以房屋为例，其在地震作用下各楼层由下至上振动幅值逐渐增加，即使地震动停止了，各楼层的振动仍会持续几秒或几十秒。如果房屋结构自身的阻尼足够大，则地震动引起的振幅就小，而且会很快衰减掉，这就在很大程度上避免了地震动持续作用下的叠加效应，大大降低了结构的地震反应程度。通过安装消能减振装置，适度增加结构的阻尼，可以有效改善结构的地震反应性能。

十五、"三网一员"人员应掌握的防震避震常识

唐山等地震的事实告诉我们，当强烈地震发生时，在房倒屋塌前的瞬间，只要应对得体，就会增加生存的机遇和希望。据对唐山地震中974位幸存者的调查，有258人采取了应急避震行为，其中188人获得成功，安全脱险；成功者占采取避震行为者的72.9%。

像唐山地震这么惨烈的灾难人们都有逃生的希望，对于那些破坏力相对较弱的地震，我们更有理由相信，只要掌握了一定的避震知识，临震不慌，沉着应对，就能够免受很多可能的伤害。

1. 摇晃时立即关火，失火时立即灭火

大地震时，也会有不能依赖消防车来灭火的情形。因此，我们每个人关火、灭火的这种努力，是能否将地震灾害控制在最小程度的重要因素。从平时就应养成即使是小的地震也关火的习惯。

为了不使火灾酿成大祸，家里人自不用说，左邻右舍之间互相帮助，尽量做到早期灭火是极为重要的。

2. 该跑才跑，不该跑就躲

目前多数专家普遍认为，震时就近躲避，震后迅速撤离到安全的地方，是应急避震较好的办法。这是因为，震时预警时间很短，人又往往无法自主行动，再加之门窗变形等，从室内跑出十分困难。如果是在楼里，跑出来几

乎更是不可能的。

但若在平房里，发现预警现象早，室外比较空旷，则可力争跑出避震。

3. 在相对安全的地方避震

室内结实、不易倾倒、能掩护身体的物体下或物体旁，开间小、有支撑的地方；室外远离建筑物，开阔、安全的地方。

4. 采取最科学的姿势

趴下，使身体重心降到最低，脸朝下，不要压住口、鼻，以利呼吸；蹲下或坐下，尽量蜷曲身体；抓住身边牢固的物体，以防摔倒或因身体移位，暴露在坚实物体外而受伤。

5. 尽量保护身体的重要部位

保护头颈部：低头，用手护住头部和后颈；有可能时，用身边的物品，如枕头、被褥等顶在头上；保护眼睛：低头、闭眼，以防异物伤害；保护口、鼻：有可能时，可用湿毛巾捂住口、鼻，以防灰土、毒气。

6. 努力避免其他伤害

不要随便点明火，因为空气中可能有易燃易爆气体充溢；要避开人流，不要乱挤乱拥。无论在什么场合，如街上、公寓、学校、商店、娱乐场所等，均如此。因为拥挤中不但不能脱离险境，反而可能因跌倒、踩踏、碰撞等而受伤。

十六、唐山地震带给我们的启示

1976 年 7 月 28 日 3 点 42 分在唐山发生里氏 7.8 级地震，地震震中在唐山开平区越河乡，即北纬 39.6°，东经 118.2°，震中烈度达XI度，震源深度 12 千米。

唐山大地震是 20 世纪十大自然灾害之一。地震造成 24.2 万多人死亡，16.4 万多人重伤；7200 多个家庭全家震亡，上万家庭解体，4204 人成为孤儿；97% 的地面建筑、55% 的生产设备毁坏；交通、供水、供电、通信全部中断；

23 秒内，直接经济损失 100 亿元人民币；一座拥有百万人口的工业城市被夷为平地。

作为 20 世纪世界上人员伤亡最大的一次地震，唐山地震带给了我们很多教训和启示：

1. 学习防震知识是减小灾害损失的重要途径

在每一次大地震中，总有一些人是因为不懂防震知识而失去生命的。

如果懂得防震知识，也许唐山地震留给我们的痛苦还能小一些；也许不需要有那么多的人失去生命，那么多的家庭从此消失。地震后有学者发现，很多地震中的幸存者，都是懂得一些防震知识的人。他们利用自己掌握的有限的防震知识、逃生知识，使自己躲过了那场灾难，至少保全了生命。

如果我们能够更好地普及地震知识，普及地震防范知识，让广大群众不仅知道地震的危害，更知道地震时的震兆，知道地震发生时如何逃生、如何选择相对安全的地方进行躲避，就能够有效减少地震对生命的危害，减少伤亡。

研究表明，地震灾害的大小和程度固然取决于地震的大小及地震受体的易损性程度，但震时人们能否选择正确的避险行为，对于减轻地震灾害，特别是减轻对人的伤损，是十分重要的因素。

关于震后倒塌物中生存空间的存在，已被多次地震所证实。地震后，唐山市区被埋压在室内的约有 63 万人，其中约有 20 ～ 30 万人是自行脱险的，约占被埋压人员的 30% ～ 40%。这充分表明，即使在房屋倒塌之后，只要避险得当，利用室内生存空间还是可以大大减少伤亡的。另据调查，约有 70% 的人是跑出室外或室内避险获得生存的；而有的采取了不当的避险方式，只有 1.5% 的人是跳楼、跳窗获生的，这表明，跳楼、跳窗不是有效的避险方式。

因此，普及地震及防震知识，对保护广大人民群众的生命安全十分重要，必须高度重视。

2. 必须重视抗震设防工作

唐山是一个人口超百万的大城市，尽管大量建筑物为近代新建，但在建筑时都没有经过抗震设计，唐山地区几乎所有的工业和民防建筑的设防是比较低的，当时是按照基本烈度Ⅵ度以下设防的，所以造成的破坏程度很大，伤亡也很重。

新唐山的规划中，当地设定的防震标准为Ⅷ度。水、电、煤、通信等"生命线工程"都要考虑防震设计和建设；城市的对外公路出口，由原来的每个方向一个，增加到每个方向两个，可以确保城市的对外交通和联系；增加绿化和工业绿地，可以就近避难和疏散。

唐山地震启示我们，随着国民经济的飞速发展，城市建设的抗震设防应当被认识和加强，否则，经济越发达的地区，一旦发生破坏性地震，遭受的损失会更大。

3. 救援体系的完善对减轻伤亡损失是至关重要的

通过唐山大地震，我们认识到应急救援体系的重要性。如果当时我们有一个完整的应急救援体系的话，我们的损失会大大减少。

一个完整的应急救援体系，主要包括：震前要有一套应急预防的组织系统，而且有一套相应的人员和物资的落实计划；二是要有一套相应的应急系统；三是要有一套应急指挥技术系统，这可以使我们的指挥部门有针对性地进行指挥；四是要有应急救援队伍，包括专业化的应急队伍、志愿者队伍以及普通公众的参与。

必须强调的是，救援要及时。现在我们紧急救援有一个"黄金时段"即72小时。在唐山大地震后发现，30分钟内救出的人员，成活率99.3%；一天之内救出的，成活率81%；第二天救出的，成活率只有53%了；第三天救出的，成活率只有36.8%；第四天，只有19%了；第五天，只有7.4%。随着时间的推移，可以存活的越来越少。

唐山地震使我们认识到，必须进行现代化的紧急救援，因为时间就是生命。

十七、汶川地震带给我们的启示

2008 年 5 月 12 日 14 时 28 分，我国发生了震惊世界的四川汶川 8.0 级特大地震，地震震中在四川省汶川县映秀镇，即北纬 31.0°，东经 103.4°，震中烈度XI度，震源深度 14 千米。

汶川地震是新中国成立以来破坏性最强、波及范围最广、救灾难度最大的一次地震。强烈的地面震动造成北川、汶川、青川等地房屋损毁严重，交通、通信大面积中断，地震触发大规模滑坡、崩塌、滚石及泥石流、堰塞湖等灾害举世罕见。触发的崩塌、滚石和滑坡约 1 万多处，形成大小堰塞湖多达 104 个，在造成巨大损失的同时是也给人员搜救、伤员救治、灾民转移安置和抢险救灾工作造成极大困难。地震造成 69227 人死亡，17923 人失踪，374643 人受伤。直接经济损失 8523 亿多元。

汶川地震灾害的主要原因是，汶川地震发生在人口密集且经济发展较为集中的地区，地震释放能量巨大，成灾范围广，建筑物大量倒塌，次生灾害众多。此外，地理环境复杂，救援难度极大。

汶川地震带给我们的启示是：

1. 抗震设防能力不足是造成房屋大量倒塌的重要原因

汶川地震造成 778.91 万间房屋倒塌，2459 万间房屋损坏，北川县城和汶川映秀镇等一些城镇几乎夷为平地。为什么震区房屋大量倒塌破坏？其主要原因是：汶川地震释放能量巨大导致破坏力极强，严重的地震地质灾害加剧了房屋破坏程度，极震区抗震设防烈度偏低致使房屋抗震设防能力不足，抗震设防监管存在一定欠缺，普通农居基本不具备抗御地震的能力，城市仍占一定比例的老旧房屋倒塌较多。

在极重灾区北川县城，虽然整个县城遭受严重损坏，但仍有近 30% 的房屋建筑由于采取了抗震设防措施虽严重受损而未倒塌，减少了人员伤亡。震区内的水电重大工程，根据地震安全性评价结果采取了抗震设防措施，经受住了考验，包括紫坪铺在内的 1996 座水库、495 处堤防虽有部分出现不同程度的沉降错位，附属设施遭到一定破坏，但大坝主体没有严重破坏，无一溃坝。

地震安全农居建设是改变我国农村基本不设防现状的重大举措，这一举措在汶川地震中充分体现了减灾实效。地震烈度为Ⅷ度的四川什邡市师古镇农村民居 80% 损坏，而该镇宏达新村地震安全农居却 100% 完好；地震烈度为Ⅷ度的甘肃省文县临江镇东风新村，武都区外纳乡李亭村和桔柑乡稻畦村，由于实施了地震安全农居工程，所有农居安然无恙。

汶川地震再次表明，抗震设防能力不足是造成房屋大量倒塌的重要原因，也是我国与美国、日本等发达国家在防震减灾能力上的主要差距。

汶川震区地质环境复杂，很多城镇、村庄的建（构）筑物位处地震活断层上，且未避开易产生崩塌、滑坡、泥石流等地震次生灾害的地区。这表明城镇规划缺乏地震活断层探测、地震小区划、震害预测等地震安全基础工作。

防御地震灾害，必须高度重视抗震设防。地震活断层探测和地震危险性评价，城乡规划建设的地震安全区划，重大建设工程、生命线工程和易产生严重次生灾害工程的地震安全性评价，一般工业和民用建筑物抗震设防要求管理等，都是最大限度地减轻地震灾害的基础工作。

2. 不可忽视防震减灾科普宣传的重要作用

汶川地震凸显防震减灾科普宣传的重要作用。比如，四川省 6 个重灾市州建成 10 所省级和 82 所市县级示范学校，并经常开展疏散演练，把防震减灾知识宣传教育作为必修课程。与其他学校相比，这些学校在这次震灾中应急措施得力、处置得当，除 1 所学校外基本达到零死亡，取得了明显的减灾实效。

四川德阳孝泉中学师生成功避险是防震减灾科普宣传发挥减灾实效的典型案例。汶川地震发生时，作为防震减灾科普示范学校之一的孝泉中学，

1300 余名学生在短暂惊恐后，迅速镇定下来，在老师带领下，仅用 3 分钟就全部有序疏散到操场，随后高中教学楼轰然倒塌，其余校舍都成为严重危房，而师生无一伤亡。

然而，总体上，防震减灾科普宣传教育等公共服务匮乏的特点也给我们很多启示。群众基本不具备自救互救知识，震区很多人员疏散逃生不及时，方式方法不科学。尤其对于人员密集的中小学，仅有防震减灾科普宣传示范学校等做到了有序疏散。

3. 在地震应急准备和紧急救援能力方面要下足功夫

在我国防震减灾工作体系中，地震应急救援体系建立的时间相对较晚，未经历过如此大规模、复杂的现场应急救援，也没有进行过大震巨灾演练，在技术储备、协调机制和救援队伍等方面都存在一些薄弱环节。

现行地震应急预案应对大震巨灾存在缺陷。应急预案没有特别针对大震巨灾制定应对措施，所设计的指挥体系和运行机制不能有效应对大震巨灾。各级各类指挥部缺少预案层面的权责约束，震后初期各自开展救援，缺乏相互间的协调沟通。地震灾害紧急救援队、工程抢险队、救援部队、公安干警、医疗队以及志愿者队伍的跨区域组织协调和管理未纳入地震应急预案，管理权限不明确。

解放军、武警、公安消防和医疗卫生等救援力量协调联动不够密切。国家和省级地震灾害紧急救援队缺乏统一指挥。专业救援队伍规模小，志愿者队伍分散作战，不能满足汶川巨灾现场的救援需要。灾区城市缺乏大震巨灾的应急救援准备，应急避难场所严重不足。地震灾害损失评估技术方法不够完善，实效较差，未能在第一时间提供给政府决策。

设在地震部门的国务院和省级抗震救灾指挥部的技术系统和场地未能按照设计目标发挥作用，未能作为国务院和省级抗震救灾指挥办公地点行使职能和充分发挥投资效益。

汶川地震表明，大地震往往几十年一遇，容易产生懈怠和侥幸心理，而防震减灾工作应该平时不断积累和长期准备，需要保持常备不懈的精神状态，以高度的责任感和使命感，重新审视和完善应对中强地震行之有效的工作思路、任务要求、部署安排和方法措施。必须树立大震巨灾防御观，以应对大震巨灾为出发点，立足防大震、救大灾，科学探索大震孕育发生规律，全面提高城乡抗大震的设防能力，全力提升全社会大震巨灾危机防范意识，切实做到"应急预案实战化，救援队伍专业化，应急管理常态化"，从源头上做好预防和应急准备。

4. 对志愿者需要强化组织和管理

地震发生后，四川等受灾地区的团组织、志愿者组织在当地党委、政府的统一领导下，迅速建立了抗震救灾志愿服务工作协调联络机制，来自共青团、红十字会、国际救援组织等选派的志愿者有条不紊、按部就班地协助开展抗震救灾工作。但是，我们也看到，不少志愿者是自行组织或单身前往都江堰、绵阳、德阳等重灾区抗震救灾的，由于他们的行动具有一定的盲目性，因此在自带的食物和饮水耗尽后自身反而成了救援对象，而且他们当中许多人驾车前往，更给本来就拥堵的交通造成困难。这些问题将给正常开展救援工作造成一些不利影响。

政府的引导与推动、支持与扶持，对志愿服务活动的开展和健康发展有着非常重要的意义。在突如其来的危机面前，包括政府在内的任何一支公共组织的力量总是有限的，无法单独满足应对危机的所有需求。因此有效地整合调动整个社会资源，充分发挥各种社会力量的能动性，是对紧急状态下社会保障体系的及时补充，志愿者组织应该肩负起这个职能，应解决志愿者"谁来派"和"如何管"的问题。

志愿者希望能够尽一己之力回报社会，那么他们必须具备为社会提供服务的基本技能和知识，因此政府要出台相关政策，鼓励社会培训机构的加入，有步骤、有计划、有主题地对各类志愿者进行必要的培训。

实践与思考

问题与思考

（1）地震是怎么发生的？你认为作为基层防震减灾工作者，必须了解的概念有哪些？

（2）地震可能给我们带来哪些灾害？为了应对和减轻这些灾害，我们在平时应该特别注意做好哪些方面的工作？

（3）什么是抗震设防？怎样才能做好抗震设防工作？

阅读建议

（1）如果有条件，建议阅读《地震知识问答》（科学出版社，2008年5月出版）、《青少年防震减灾知识读本》（科学普及出版社，2010年10月出版）、《地震知识读本》（苏州大学出版社，2009年4月出版）和《地震知识百问百答》（地震出版社，2008年5月出版）等书籍。

（2）建议经常登陆中国地震信息网（http://www.csi.ac.cn/publish/main/），了解地震资讯，学习防震减灾科普知识。

实践和探索

（1）如果有条件，建议参观附近的防震减灾科普教育基地，想一想在科普知识展板和展品方面，有哪些可以补充和改进的地方？

（2）查阅相关资料，制作一个三维立体模型，既能展示地表的地形，又能从截面上看出地球的内部结构。注意按比例确定各圈层的厚度、各板块形状和边界。

第三章

"三网一员"应掌握的监测预报知识和技能

地震监测预报就是根据地震地质、地震活动性、地震前兆异常和环境因素等多种手段的研究与前兆信息监测，对未来地震发生情况进行科学的分析与预测。目前，地震监测预报的总体水平还不是很高。推进地震监测预报工作，需要多方面的不断努力，除了不断深化对地震及其前兆异常本身的科学认识之外，还要改进与完善观测技术，加强科学管理，提高地震分析预报的技术水平等，强化群策群防工作，也是一项非常重要的举措。对于基层防震减灾工作人员来说，学习和掌握一定的监测预报知识和技能是非常有必要的。

一、地震预报既是科学问题，更是复杂的社会问题

地震预报是对未来破坏性地震发生的时间、地点和震级及地震影响的预测，是根据地震地质、地震活动性、地震前兆异常和环境因素等多种手段的研究与前兆信息监测所进行的现代减灾科学。地震预报技术是从地震监测、大震考察、野外地质调查、地球物理勘探、室内实验研究等多方面对地震发生的条件、规律、前兆、机理、预报方法及对策等的综合技术。

当前，通过地震活动性规律、地震前兆异常、宏观异常以及其他手段预

测地震，只是一种间接的预测方法。地震可能引起这些地震前兆异常和宏观异常，但是出现相关的异常并不一定要发生地震，因为自然界有更多的其他原因也能造成类似的异常现象。目前没有哪一种异常现象能够在所有地震前都被观测到；也没有任何一种异常现象一旦出现之后，就必然要发生地震。所以，在目前开展地震预测探索的实践中，是综合考虑所有情况，采用合理的技术途径，对明显的异常进行动态跟踪和会商的地震预测方式。

地震预测的途径与方法大致可分为以下四种：

地震地质方法预测——根据地震与地质构造的关系，估计强地震可能发生的地区与震级大小；

地震统计方法预测——从已经发生的地震记录中去探索可能存在的统计规律，估计未来可能发生地震的地区范围、时间范围和震级大小范围；

相关性方法预测——利用地震活动的相关因素进行外推的预测；

地震前兆方法预测——在现有对地震前兆认识的基础上，通过观测获得数据，根据多次地震积累的经验分析判断，给出未来地震的时间、地点和震级大小的预测。

鉴于地震预测预报对社会的巨大影响，以及目前地震预测预报的现实能力和社会期望之间存在着很大的差距，在总结长期实践经验的基础上，我国建立了一套科学严谨的地震预测预报工作模式。主要包括提出地震预测意见、形成地震预报意见、评审地震预报意见和发布地震预报几个环节。

提出地震预测意见，就是对某一地区未来地震可能发生的时间范围、空间范围和震级大小范围进行估计和推测，是以客观的地震监测资料为依据，以地震预测的科学方法技术为手段。震情会商是目前集体提出地震预测意见，并形成地震预报意见的工作方式。会商时，各学科的专业技术人员对提出的各种地震预测意见和所依据的异常现象进行综合分析研究，形成地震预报意见，并根据时间长短分为长期、中期、短期和临震预报意见。

在地震预测方法理论没有成熟之前，地震预测可能成功，也可能失败。

所以，我国建立了地震预报评审制度。在地震预报意见形成之后，要专门组织各方面专家进行评审，对意见的科学性、合理性进行审核，并确定预报的发布形式，评估地震预报发布后可能产生的社会和经济影响，提出地震预报发布后的对策措施等。《防震减灾法》规定，地震预报由省级以上人民政府发布。因此，真正的地震预报是通过广播、电视、报纸或者其他正规途径发出的。一般认为，我国目前确定 10 年期左右的地震重点监视防御区的做法属于长期地震预报，确定 1 年期地震重点危险区的做法属于中期地震预报；时间尺度为月的属于短期地震预报，时间尺度为日的属于临震预报。

发布地震预报，既是一个科学问题，更是一个复杂的社会问题。地震预报的发布有着广泛而重大的社会影响。准确的地震预报，可以极大地减少人员伤亡，减轻灾害损失。据估算，海城地震成功预报，避免了约 10 万人死亡，减少了数十亿元的经济损失。但如果在发出短临地震预报的期间，所预测的地震没有发生，同样也可能造成社会混乱、经济损失和人员伤亡。正是由于地震预测的不成熟和发布地震预报后可能造成广泛而深远的社会影响，因此地震预报必须达到三个方面的要求：一是科学准确，即科学、合理、明确地预测出发生地震的时间、地点和震级大小；二是程序严密，即规范严谨地按照观测、预测、会商、评审、发布等环节要求去运作；三是公众参与，即地震预报发布后，社会积极响应，公众合理有序地应对。

二、我国的地震前兆台网布设情况

地震前兆台网是指一定区域内为了地震预测的目的，对地球各种形变场、物理场和化学场进行观测的台站的总和，前兆台网与地震台网共同构成了地震监测预报工作的两大基础性台网。当前，地震预测方法可分为两大类：一类是地震学方法，通俗地说就是以小震报大震，这一类方法对中期、中长期预测效果较好，但对短期、临震预测除有前震序列的极少情况外，几乎无能为力；另一类方法即前兆分析方法，它的预测能力主要偏重于短期、临震，正好与地震学方法形成互补。

地震前兆的种类很多，我国以前有"八大手段"、"十大手段"等说法。随着技术的进步，观测手段也在不断增加，例如 20 世纪 90 年代又增加了 GPS 等空间形变观测。现在我国根据观测的对象，将前兆观测分为三类，即形变（含重力）观测、磁电观测和地下流体观测。

我国的地震前兆台网，伴随着地震预测任务的提出和对地震预测认识的不断深化，经历了一个创建、发展的过程。

1966 年 3 月 22 日邢台 7.2 级地震，是新中国成立以来发生的第一次造成严重伤亡的大地震。就在这次地震中，周恩来总理代表党和国家向我国地震工作者提出了地震预报的任务。在这次地震前，震中区及附近发生了明显的井水翻沙冒泡、地下水位升降呈有规则地分布等异常现象，引起了地震工作者的关注，开始了前兆观测。

此后，在 20 世纪 70 年代先后发生了渤海、云南通海、四川炉霍、云南永善—大关、辽宁海城、云南龙陵、河北唐山、四川松潘等 7 级大震和更多的 5 级、6 级中强震，震前还发现形变、地电、地磁、电磁波、水位、水温、水氡等化学组分的异常，认识到前兆异常是很复杂的，并不是震前所有观测点都会有异常出现，也不是有了异常就一定将发生地震，在实践中逐渐形成了"长、中、短、临震渐进式预报"、多学科、多观测点的"综合预报"、由场寻源的"追踪预报"等具有中国特色的地震预报思想。

20 世纪整个七八十年代，是我国地震前兆台网从无到有，逐渐成形的创建和大发展时代，相继在各个省建立了大批前兆观测台站，有专业队伍的，也有地方企业事业单位建的业余群众测报站。仪器主要是从地质部门引进的物探仪器，也有的是土法上马，如土地电、土地磁、土倾斜等。从 20 世纪 80 年代中期开始，逐渐制定了各学科的观测规范，对观测资料质量进行了检查评比，逐渐淘汰了一些土仪器。

1986～1990年"七五"期间，国家地震局组织了地震前兆预报方法实用化攻关研究，首次把我国20多年的预报经验系统化并进行科学的论证，在对不同地区、不同类型地震前兆的共性和差异、地震前兆与无震异常的区别进行研究的基础上，给出各手段和综合的预报方法、判据、指标和信度估计，"七五"攻关标志着我国地震预报从经验预报阶段进入概率预报阶段。在"七五"攻关成果指导下，我国前兆台网建设从20世纪90年代初开始进行了优化、完善，从布局、观测环境等各方面进行了更为科学的调整和改造。但前兆台网存在一个重大的缺陷，那就是仪器设备陈旧落后。从20世纪60～70年代开始运转的前兆观测仪器基本上没有多大改进，人工观测、模拟记录、信函或电报报数，信息量小、精度低、数据汇集慢，往往因不能及时收集到短临异常而贻误判断。有相当部分仪器带病运转，已该淘汰。为彻底扭转这种状况，从"九五"开始，政府投入巨资对前兆台网进行了数字化改造。

衡量一个区域前兆台网对地震异常的检测能力可从以下三个方面考察：一是测项的密度，以每平方千米的测项为单位，密度高为佳；二是形成观测网的仪器种类，比较齐全为好；三是仪器的技术水平。据我国"七五"攻关的研究成果，震前观测到异常的台站和项目的比例随着震级的大小和距未来震中距的远近而不同，但总的来说很低。例如，6～6.9级地震的中期异常，距离100千米之内有15%的台站和9%的测项能记录到，100～200千米之间分别为8%和6%；而对于5～5.9级地震，100千米之内记录到的中期异常的台站和测项分别为3%和1%；100～200千米都降为1%。由此可见，一个前兆台网所含观测种类的多寡和观测台项密度的高低，是评价其检测中强以上地震能力的重要指标。至于仪器技术水平的重要性，自然是容易理解的。

根据我国地球物理场特征、地质构造格局和地震危险性分布，参考不同地区人口密集程度和经济社会发展水平，我国目前已初步建立了学科丰富、方法多维、固定为主、流动辅助和中央地方相结合的地震监测模式。

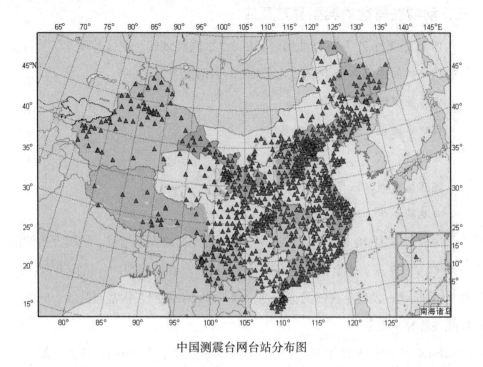

中国测震台网台站分布图

地震监测台网已具备一定规模。地震监测台网由测震、地形变、电磁和地下流体等台网组成。各类监测台网由监测台站和台网中心构成，监测台站负责数据采集、存储和传输，台网中心负责数据汇集、整理存储、处理分析、产品服务以及运维管理。

我国陆域测震能力普遍已达到2.5级，华北、东北、华中、西北、华东地区基本达到2.0级，首都圈等人口密集地区可达到1.5级。国家和省级测震台网一般10分钟内完成地震速报。

我国前兆台网与先进国家相比尚有差距。国外一般没有将地震预测作为一项常规任务，而是作为研究任务，一般没有在全国范围内布设前兆台网，而是在试验区内布设非常密集的台网，台网密度远高于我国。从仪器性能上看，我国与美、日等国相比尚有一定差距。我国比较强调综合预报，因此台网的观测种类要比国外齐全。

三、动物在震前的典型异常反应

1966 年 3 月 27 日，河北邢台发生 7.2 级强烈地震。震区的隆尧县某村全村的狗在大震中都幸免于难。当地流传的谚语说：

猪在圈里闹，鸡飞狗也叫；

牲口不进棚，老鼠机灵先逃掉。

又说：

鸡在窝里闹，猪在圈里跳；

羊跑狗也叫，地震快来到。

1967 年 8 月 30 日，四川甘孜—炉霍发生 6.8 级强烈地震。地震发生的前一天（8 月 29 日）晚上，发现狗狂叫似狼嚎，乌鸦叫得很凶，猪狗不回窝；8 月 30 日早晨，发现牛突然受惊乱跑，母鸡学公鸡啼叫，狗乱叫乱跳，麻雀成群乱飞等异常现象。

1969 年 7 月 18 日 13 时 24 分，在我国渤海发生 7.4 级强烈地震，震前天津市人民公园发现多种动物（如东北虎、大熊猫、牦牛、鹿、天鹅、火鸡、白玉鸟、四川鹦鹉、泥鳅、鳖、蚂蟥等）有异常反应，就在 7 月 18 日 11 时（震前 2 小时），天津市防震办公室听取了各方面汇报，认为可能有地震发生。这是一次成功的预报。

有文献记载，1975 年 2 月发生在海城的 7.3 级地震，早在 1974 年 12 月中旬就已被成功预测到。那一时期最不寻常的事情就是蛇从冬眠中出来睡在土壤表面上，同时还出现了很多老鼠，这些都是在 12 月末发生的一系列小地震之后发生的。而在接下来的一个月，也就是 1975 年 1 月，发现当地有数千个动物行为反常的事情发生。当地百姓看见冬眠中的蛇从洞里爬出来，钻进雪里。在 2 月份的前三天，这种异常事情变得尤其多，还有很多大的动物，如牛、马等也行为反常。然后在 1975 年 2 月 4 日，辽宁省海城发生了 7.3 级地震。

历史上记载的大量地震事例证明，动物在地震前都有前兆。据不完全统计，在一次较强的地震发生之前，近百种动物会有不同程度的异常反应，其中较明显的有蛇、鼠、鸡、鹅、鸭、猫、狗、猪、牛、马、骡、羊、鸽、鸟、鱼类等近40余种。有学者把部分动物在震前的反常活动特征（可能前兆）总结如下——

羊：不进圈、不吃食、乱叫乱闹、越圈逃跑、闹圈。

狗：狂吠不休、哭泣、嗅地扒地、咬熟人、乱跑乱闹、叼着狗崽搬家，警犬不听指令。

猫：惊慌不安、叼着猫崽搬家上树。

兔：不吃草、在窝内乱闹乱叫、惊逃出窝。

鸭、鹅：白天不下水、晚上不进架、不吃食、紧跟主人、惊叫、高飞。

鸡：不进架、撞架、在架内闹、上树。

鸽：不进巢、栖于屋外、突然惊起倾巢而飞。

鼠：白天成群出洞、像醉酒似地发呆、不怕人、惊恐乱窜、叼着小鼠搬家。

蛇：冬眠蛇出洞在雪地里冻僵、冻死、数量增加、集聚一团。

鱼：成群漂浮、狂游、跳出水面、缸养的鱼乱跳、头尾碰出血、跳出缸外、呆滞、死亡。

蟾蜍（癫蛤蟆）：成群出洞，甚至跑到大街小巷。

动物出现的异常反应和地震的震级、时间、地点有着密切的关系。

一般震级在5级以上的较大地震，动物异常反应就较明显；5级以下的地震，动物异常反应就不太明显。震级越大，有异常现象的动物种类就愈多。

据统计，动物异常反应明显的地域分布，以未来地震的震中区周围动物异常反应较明显，并且异常反应明显的区域受地质构造控制，往往动物异常反应的区域与未来的主震断裂带的走向相一致。

动物出现异常反应，在震前1～3天为最多，还有些动物在震前几分钟、几十分钟才有反应。但也有在震前十几天至一个月就有异常反应了。比如，在1975年2月4日海城地震前，鸡和猪提前15天就出现了异常反应；而在发震的当天，牛、马、鹿、鸽、金鱼、鱼群等动物异常反应特别集中。

综合我国各次大震前动物异常情况可以看出，虽然震前各种动物出现异常的时间有早有晚，但各种动物（除蛇外）的行为异常，都在震前一天内相应到达峰值，如从唐山地震搜集到的动物异常恒量看，大肉畜329起，震前一天内出现238起，占72%；狗136起，震前一天内出现121起，占89%；鸡334起，震前一天内出现277起，占83%，均到达峰值。

因此可以说，各种动物异常峰值出现，则预示着地震的到来。

需要指出的是，到目前为止，既没有哪一种异常现象是每一次强震前一定会出现的，也没有哪一种异常现象出现后一定会发生强震。也就是说，至今还没有找到必震的前兆信息。正因为这样，至今地震预报的成功率还很低。

四、动物的异常行为并不都是地震前兆

必须注意的是，很多动物在地震前有明显的异常反应，可作为地震宏观异常，但动物异常行为并不都是地震宏观异常，诸如气候的突变、饲养状况的改变、环境污染等外界条件的改变，及动物本身的生理变化、疾病等，也可以引起动物的异常。

1987年2月9日，有人发现，四川省广元市朝天镇的铁龙桥下，出现数以千计的癞蛤蟆聚会奇观。这些大小不一的小动物，互相追逐，在桥墩周围的浅水中嬉戏、交配、产卵，这一现象持续2天之久。然而，经落实这是与当年气候变化有关。当年气候比前一年同期偏高，从而导致穴居动物提前复苏出洞、交配，排除了这是地震前兆现象。

那么，该怎么识别动物异常能否作为地震前兆呢？

1. 蚂蚁和蜜蜂前兆异常的识别

昆虫类中，蚂蚁和蜜蜂具有群体生活习性，因而容易发现其异常。

蚂蚁的日常行为主要是垒巢及寻找食物。夏季，当天气转阴，即将下雨时，气压变低，温度升高，湿度增大，蚂蚁会成群结队地往高处搬家，到高

处垒巢，向高处运食，其规模浩浩荡荡，这种现象一般不是地震宏观异常。然而，在旱季出现这种情况，则要考虑有可能为地震宏观异常。有时在严冬季节，蚂蚁们惊慌搬家，甚至往人身上乱爬，也可能是地震宏观异常。

蜜蜂一般天天早出晚归，忙于采蜜。当发现成批成群地早出晚不归时，就要注意是否为地震宏观异常。然而，有时蜜蜂得了流行病，成群幼蜂在箱内死亡，或蜂箱内钻进了有害的其他昆虫时，也会出现晚不归的情况，甚至成千上万只蜜蜂远走高飞，永不回巢。因此，发现蜜蜂晚不归时，要仔细观察与分析其生存条件是否发生了变化。在确定没有发生变化的前提下，才能考虑可能出现了地震宏观异常。

2. 鱼类异常的识别

常见的鱼类行为异常是鱼"浮头"、"跑马病"、"跳水"、"蹦岸"等。

鱼"浮头"在鱼塘中较为常见，多为鱼缺氧而浮出，特别是天气闷热、阴云密布、气压低时，水中氧气含量减少，鱼不得不浮上表层，从空气中呼吸氧气。然而，不同的鱼对缺氧的忍耐程度不同，一般鲫鱼最强，鲤鱼次之，鲢鱼再次，鳊鱼最弱。因此，不同的鱼浮头的时间也不同。如果在晴朗多风的季节，各类鱼同时大规模浮头，甚至跳出水面，蹦到岸上，有可能是地震宏观异常。一般来说，泥鳅对地震的反应较为灵敏，应特别予以注意。

"跑马病"指成群的鱼向岸边狂游的现象。这种现象多为鱼塘内鱼的密度过大，饵料严重不足引起，一般不是地震宏观异常。如果鱼塘内的水没有被污染，也不严重缺氧或缺饵料，出现成群的鱼浮头、跑马、跳跃、蹦岸，甚至大量死亡时，要特别注意，有可能是地震宏观异常。另外，无论是鱼塘、水库，还是江河湖海中，如果发现鱼特别容易上钩进网，捕鱼量大大增加，甚至在海中平时不易捕捞到的深水鱼也被捕到，这种不寻常的现象要考虑可能是地震宏观异常。

3. 蛙类和蛇类动物异常的识别

青蛙是最常见的两栖类动物，其地震宏观异常多表现为反季节的搬家。

青蛙是冬眠的，如果在冬季发现青蛙活动，则可能是地震宏观异常。在青蛙繁殖季节，有雄蛙爬在雌蛙背上，好像"大蛙背着小蛙逃难"的现象；还有些雨蛙、树蛙有爬树现象，均为蛙类正常生活习性，不是地震异常。

爬行类中最常见的是蛇，蛇的地震宏观异常多为冬眠季节爬出洞。有时，非冬季发现成群的蛇集体搬家，也可能是地震宏观异常。

4. 家禽和鸟类异常的识别

鸟类中以鸡、鸭、鹅、鸽的异常为多见。

鸡在天气将要阴雨时，往往不愿进窝，甚至高飞上树；有时鸡窝中出现黄鼠狼、蛇等动物或天空有猛禽飞过时，鸡会惊叫，乱跑乱飞，这些都是外界干扰引起的假异常。但成群的鸡无缘无故地鸣叫，乱跑乱飞，飞上房顶，飞上树梢，甚至高空长飞等，有可能是地震宏观异常。

鹅、鸭是喜水家禽，平时喜水善游，安详从容，如果突然惊飞下水或惊叫上岸，甚至赶不下水等，则可能是地震宏观异常。

鸽子不进窝，或在窝中乱飞乱叫，甚至冲破网笼远飞离去等，有可能是地震宏观异常。有时飞来一些不合时令的候鸟，或出现从未见过的野鸟，有时成群的野鸟在林中悲叫不止，也可能是地震宏观异常。

5. 哺乳类动物异常的识别

哺乳类动物中以鼠、狗、猫与大牲畜的异常为多见。

鼠类一般夜间活动，胆小怕人。如果大群老鼠旁若无人的在白天活动，成群搬家，甚至把小鼠搬到有人的住室或床上等，就要考虑可能是地震宏观异常。夜间，成群的老鼠在屋内外乱跑乱叫，甚至跑到人身上，也可能是地震宏观异常。

狗一般见到生人或受到惊吓时才狂叫。如没有特殊情况发生，狗成群地满街疯跑，乱嚎狂吠、乱咬人，甚至连主人也咬，或不停地扒地嗅味，流泪哀叫等，就可能是地震宏观异常。

猪的习性是贪吃贪睡，性情懒惰，如果无缘无故地不吃食，不睡觉，甚至刨地拱圈，越栏而逃，惊恐乱跑等，可能是地震宏观异常。

发现牛、马、骡、驴等牲畜惊慌不安，不进厩，不吃料，惊车嘶叫，挣断缰绳逃跑等，也要考虑有可能是地震宏观异常。但这些牲畜在发病时或发情时，也可能会有类似的表现。

五、地震前某些植物会出现异常现象

植物和动物一样，是一个具有生命活力的机体。地震前很多动物有异常反应，那么，植物是否也具有这种反应呢？

在丰富的地震史料中，确实记载了不少有关植物在震前的异常现象。1668 年山东郯城大地震前，史书上就曾写道："十月桃李花，林擒实。"意思是说，我国北方十月份桃树、李树竟然繁花盛开，果实累累。显然，这是一种奇异的现象。1852 年我国黄海地震前，也曾有"咸丰元年竹尽花，兰多并蒂，重花结实"，"咸丰二年夏大水，秋桃。李重华，冬地震"的记载。另外，史料上还有震前"竹花实"，"自冬及春，桃李实，群花发"等描述，近几十年我国发生的一些地震，也留下了一些有关震前植物异常现象的记载。

在其他国家也有类似的记载，比如日本也有不少资料谈及竹子、含羞草、合欢树等植物在震前的各种异常现象。据说，印度有一种甘蓝，不仅可以预报恶劣气候，而且当长出某种新芽时，警告即将发生地震。

据有关学者的研究，震前植物异常的现象主要有以下几种：

1. 不适时令开花、结果

植物开花结果往往有一定的季节性。有的地震发生前，植物的这种习性常常被打乱，出现花期提前或退后的异常现象。例如，1679 年 9 月 2 日河北三河 8 级地震，史料记载，"清康熙十七年夏大旱，七月李花，十八年七月震"。李树本来春天开花，但此时却在夏末秋初开花。近几十年来发生的大地震前，这类现象也不少。在北方，杏花是春天才含苞欲放的，但 1974 年 11 月份在我国东北地区，有不少杏树开花现象。两三个月后的 2 月 4 日，发生了海城 7.3

级地震。

震前植物不适时令开花的现象，不仅大地震前有，而且中强地震前也有所出现。例如 1970 年 12 月 3 日宁夏西吉 5.5 级地震前一个月，离震中 66 公里的隆德县上梁公社有些蒲公英竟然在初冬时节开花；1971 年 12 月 30 日长江口 4 级地震前，人们发现本应在春天开花的芽菜，居然在 12 月中旬就提前开花了。

2. 重花、重果现象

许多植物通常是一年开一次花结一次果，但在地震前有些植物却一反常态，在开花结果后又重新开一次花，甚至结果。因而，有时树上呈现出一种奇异的现象：果子快成熟了，旁边又长出一些花来，人们称这种异常为重花、重果现象。

1976 年 8 月 16 日松潘大地震前，重花、重果现象十分普遍和明显，不仅数量多，而且树种也比较多，比如，震前 5 天，江油县义贵公社林场发现一株已结果的苹果树又开第二遍花；震前十几天，彭县发现在 3 ~ 4 月份盛开的玉兰花，居然在 7 ~ 8 月份又重开了第二遍花。1976 年唐山大地震也有类似情况，当时北京附近的连翘本该春天开花再长叶，而当年 7 月份在长满叶后又重新开一次花。

3. 提早出苗、萌芽和成熟

这类现象一般在我国北方严冬季节才比较明显。例如，1667 年山东德平县桃、李冬天开花，1668 年 7 月 25 日，发生山东莒县—郯城 8.5 级大地震。1975 年海城地震前，个别地方在严寒的冬季竟长出青草来，比较明显的是黑山县大黑山背阴坡，有一处 3 平方米的地方冰雪融化，长出了 1 寸多高的青草，上面还有小虫子爬动。

4. 极不易开花的植物突然开花结果

大家知道，竹子原产于亚热带及热带地区，通常一生只开一次花，随后结籽死亡。我国北方地区，竹子开花是一种极其罕见的现象，在南方竹子叶仅在大旱之年才开花。因此，在正常气候条件下，竹子突然开花属于异常现象。

例如，1555年陕西的秦岭山一带竹子开花结实，人取充饥，1556年发生了陕西华县8级大地震。在松潘大地震前，四川绵竹县就发现竹子开花的异常现象。

5. 生态上的变异性

黄芽菜本身是不包的，让它长出心来才开花。但在1971年长江口4级地震前，有人发现，启东县卫东镇的菜园有颗包好的黄芽菜，在顶上抽心开花。同时，还发现青菜在叶子上开花的怪现象。1976年8月16日松潘大地震前，邓峡县发现一个南瓜结果后顶上又开花。

6. 植物"活动"方式的异常变化

植物一般是不会像动物那样自由的做出各种动作的，但个别植物的某些部分可以自由地活动。例如长叶舞草，它的两片小托叶会自动地缓缓向上收拢，然后迅速下垂，大约30秒钟重复一次，就像舞蹈家跳舞一样。日常较多见的会动的植物是含羞草和向日葵。据报道，在一次大地震前10小时左右，有人发现含羞草的叶子曾耷拉下来。另外，在日本有一份观察报告，记述了地震前合欢树的叶子出现半合状态的现象。这种"会动"的植物震前活动方式的突然改变，已越来越多地引起人们的关注。

7. 植物在震前突然枯萎死亡

1976年唐山大地震前两天，蓟县穿芳峪石臼大队道班附近的柳树，在枝条尖部20厘米处出现枝枯叶黄的现象。远远望去，柳树好像戴上了一顶黄帽子，附近的柳树无一例外。1976年松潘地震前，在素称"熊猫之乡"的平武县境内，箭竹大面积死亡，有些地方还发现梧桐枯萎现象。尤其使人惊奇的是，距震中区不远的甘肃迭部县，一松树林内有沿东西方向呈线状枯死的条带。

震前植物除了上述几种形式的异常外，还有一些较为少见的异常现象。例如，松潘大地震前，温江地区曾发现草木变色等怪现象。

植物异常出现的时间很不一致，有的在震前一年，也有的在震前几个月至几天不等。总的来看，植物异常的时间距离发震时刻很近。例如，含羞草在震前10小时左右就有反应。

关于震前植物异常的原因，目前还是个谜。从本质上讲，植物变异是其自身为适应环境变化做出的反应。因此，一般认为震前植物异常可能与震前所出现的一系列物理和化学的异常变化有关，其中主要的有气象和地温异常、地下水异常、地电和地磁异常等。另外，地光等也可能对植物异常有所影响。还有人提出，震前空气中离子浓度的改变，也有可能对植物的不适时令的开花等现象有影响，总之，植物异常的原因有待进一步地探索。

必须注意的是，植物在地震前是会出现一些异常开花现象，但植物异常开花的出现不一定都是地震的前兆。在植物生长季节出现旱、涝、低温、病虫害及人畜的破坏，整枝的不适当，新移栽，水土流失，肥力不足，管理不善或因树木衰老等原因，也会使其生长期提前或推迟，所以在出现花期异常现象时，我们必须对其异常现象进行认真的分析，去伪存真，排除非地震因素的干扰。

作为地震宏观异常的植物异常，除了排除环境与条件变化引起的异常之外，还可从异常的规模、种类、数量、分布区与地质构造的关系等方面做深入分析。如果异常的规模大，分布面积广，多种植物同时出现异常，异常分布区与活动构造带相吻合等，那么，就可以认为是地震宏观异常。

六、较强地震发生前地下水的异常现象

地下水指储存在地表以下岩土颗粒间隙中可自由流动的水，在地表表现为井水、泉水。地下水并不处处都有，而是存在于一定的岩土层中，这类岩土层称为含水层。含水层顶上与底下没有地下水的岩土层称为隔水层。

含水层分两大类。第一类是含水层埋藏较浅，其底部有隔水层，但其顶部无隔水层，含水层中地下水具有自由表面，这类含水层称为潜水层，其中地下水称为潜水。第二类是含水层埋藏较深，其底部与顶部都有隔水层，含水层夹在两个隔水层之间，这类含水层称为层间含水层，其中充满地下水时，称地下水为承压水，把含水层称为承压含水层。当承压含水层中地下水具有较大压力，其压力水位高出地面，若打井凿穿其顶部隔水层时，地下水就可

自由流出地面，这类地下水称为自流水。

在较强地震发生前，地下水（包括井水和泉水）常常会出现明显的异常现象。一般在较大范围内出现不同的异常现象：有的井水水位迅速上升，溢出地面；有的井水则急剧下降，甚至井水干涸。在没有井的地方，有的会出现冒水；有泉水的地方泉水有的会断流；有的水面上飘浮油花、冒气泡、水打转儿、变浑、有怪味、翻泥沙等；有的井水味由甜变苦或由苦变甜；有时水温升高。地下水起变化的范围可达 300 ~ 500 公里。

1966 年 3 月 8 日河北邢台 6.8 级地震前，50 多个市县发现地下水异常，主要是井水位大幅度升降，震中区及其邻近地区以上升为主，而外围则以下降为主，多在震前 1 ~ 2 天出现。

1975 年 2 月 4 日辽宁海城 7.3 级地震前约 1 个月，开始出现地下水异常，共 241 例，震前几天集中出现在海城、盘锦等地，井水有升有降，以升为主，井水打旋、冒泡、变浑、变味等现象也多见。

1976 年 7 月 28 日河北唐山 7.8 级地震前，在河北、山东、辽宁、吉林、江苏等广大地区发现几百起地下水宏观异常，还有废井喷油、枯井喷气等异常现象。

地下水处于运动状态，因此，含水层中地下水与岩土颗粒之间发生各种各样的物理作用与化学反应。由于含水层的埋藏深度与岩性不同，地下水运动速度有差异，物理作用与化学反应的类型与强度也不等，导致不同含水层中的地下水具有不同的物理特性与化学组分，表现出颜色、味、嗅、透明度等不同。由于地下水储存并运动于地下深处，可把地震活动的信息带到地面上来，因此很多地震前可以发现有些井水与泉水的物理化学特征发生明显的变化。这种变化，就是地下水的地震宏观异常。

在空间分布上，震前地下水异常点大都沿相关构造带展布，或呈象限性分布，临震前有从四周逐渐向震中高烈度区靠拢的趋势。

地下水出现异常现象，并不意味一定会和地震有关系，在实践中一定要注意分析和甄别。下面是有关学者总结的一些非震异常产生原因及鉴别方法：

1. 水位流量的变化

水位与流量的正常动态，主要受气候变化影响而具有周期性。其周期变化有多年的、一年的和昼夜的几种，特别对浅层水来说，表现更为明显。

地下水动态每年有一个高水位期和低水位期，我们要搞清水位流量发生的突然变化，必须将该井孔或本地区的正常规律调查清楚，这样才能在对比中发现影响该井动态的异常原因。

造成地下水位、流量变化的原因一般有以下几种：

一是气象因素。主要受降雨影响，尤其是浅井，如果含水层里补给源较近，土质又多为砂土，降水时间稍长，水位、流量就会有很大反应。深水井一般离含水层补给源较远，上面往往能够覆盖较厚的隔水层，由当地降雨造成的补给比较困难，但降雨水体对地面形成的附加应力作用，可以使深井水位变化。此外，气压作用对水位也有影响，在低气压过程中，反应灵敏的承压井水位可能上升。

二是人为因素。人为因素对地下水的动态影响是重要方面，落实异常时必须特别重视。常见的人为因素有：地下水开采矿床输干等造成的水位下降、下降漏斗，以及工农业季节开采造成的年度水位变化；水库放水、农田灌溉、油田回灌造成井水位的异常变化；井水管道、自来水管道的堵塞、破损等造成的水位、流量变化；人为工程改变了天然地下水动态，出现水位涌高及工程损坏等。

三是震后效应。一次大地震后，在震中区常因地震裂缝沟通造成地下水量、水质的变化。在大地震影响区，因面波造成的断层活动及地表土层形变使含水层连通或堵塞，造成的水位变化；遥远地震波造成的水震波效应，形成水位快速波动与水面振荡及发响等，都不是地震前兆，而是震后效应。

井水位异常有多种可能性。井水位在某一时段内下降过大的异常，常见于北方地区。当发现某一井水位下降幅度过大或下降速率过快时，可以从以下几个方面调查分析：首先进行测量，把井水位下降的时间、幅度或速率等特征记录下来。其次，分析是否与天气干旱有关，特别要注意以往的干旱年份是否出现过类似情况。调查该井附近是否有新井抽水或旧井增大抽水量，分析抽水井引起该井水位变化的可能性——如两井是否为同层水，两井间距的大小、抽水时间与井水位下降时间的关系等，必要时可做抽水试验进行验证。如果分析结果否定了上述影响因素，则可怀疑这种异常与地震有关。调查以往地震前该井是否有过类似的异常，如果所在地区没有发生过较大地震，则可参考其他地区的井在地震前是否有过类似的异常。若有，则可认为是地震宏观异常；倘若没有，暂可不确定是地震宏观异常，但要继续关注其变化。

2. 井水发响、翻花冒泡

地震前井水的翻花冒泡，一般是地下深处的气体上涌引起的。冒出的气体具有特殊的组分，有时还带有一定的温度，其规模与强度都较大，有时还伴随有响声，这很可能是宏观异常。

但有时见到的井水翻花冒泡，与地震无关，它一般在小规模、局部范围内出现，冒出来的气体多是空气或地表浅层产生的气体。在一些平原区或湖泊发育地区，地下浅处岩层中往往含有较多的有机质，如草木死亡后的堆积层，它们腐烂时会放出一些气体如沼气等。这些气体，平时释放很弱，很分散，一般人们感觉不出来，但当气温特别高或岩层所处的环境发生某些变化时，它们就突然从某一口井中集中释放出来，导致井水翻花冒泡，严重时井水面上出现旋涡与"呼隆呼隆"的响声。

井水发响较为常见，常出现于春季或初夏，一般与地震无关，多为由上部含水层的水落入井水面引起。如一个地区有多层含水层，一口井揭露出两三个含水层，而主要出水层在下层时，如果上层水由于干旱或长期开采而成为无水的"干层"之后，当春季融雪水渗入上层或初夏第一场大雨渗入到上层时，上层由"干层"变成"水层"，层中的水将流向井中，但因井水主要为下层水，水面位于下层出水处，由上层流入井的水落入井中下层水面时发出响声。这种现象，在井口用多节电筒等照射井壁与井水面仔细观察后，不难核实。

3. 井水发浑

井水发浑变色等现象，要具体情况具体分析，并非都是地震宏观异常。

夏季井水发浑，多由井壁坍塌引起。暴雨季节，或由井口倒灌了地表的混浊水，或是含水层接受大量降雨渗入补给后水流变大、水流速度加快，把含水层内平时无法携带的微粒带入井水中，也可使井水发浑。

前些年，某地一口井，一度井水变黑变味变浑，引起一些人的恐慌，认为可能是地震宏观异常，但经核实后否定。原来该井所在地的地下水流的下方新打了几口井，由于连续抽水浇田，地下水位大幅度下降，含水层内水流速度加大，开始只是把含水层内的砂粒带进井水中，后来含水层松动，牵动顶部含黑色淤泥质的黏土隔水层，将黑色富含有机质的黏土颗粒也带入井中，使井水发浑变黑且有了怪味。

有些深井水变浑变色与水泵有关。水泵的叶轮常常是铝制的，当叶轮发生故障或磨损过大时，叶片被磨出很多细小的铝粒，悬浮在井水中，且随水流进自来水，使水变浑且呈灰黑色。

有些井水变浑与井管滤砂网因使用太久而破损有关。一般松散土层中的抽水井，在地下含水层深度段上都设有滤水管，其外包有金属制的滤砂网。滤砂网陈旧破损时，失去滤砂功能，使含水层中的细小砂粒流入井水中，导致井水发浑变色。当砂粒中含有较多云母片时，还会使井水闪闪发光。

4. 水质、水温的变化

地震前井、泉水温度突升，是由于含水层及其邻层受力状态发生变化，特别是微裂隙的产生或沟通深部含水层的断层破碎带松动，使深层热水上涌引起，但这种异常并不多见。

与地震无关的地下水的水质变化，大部分是由于各种污染（物理污染、化学污染、生物污染等）造成的，如变色、变味、出油等；由于震后效应的影响，也可能引起井水的变味、变浑。

平时常见的井水温度突升，往往是由于冬季供暖水管破裂引起暖气水渗入浅层含水层或井内泵头机械磨损与动力电漏电等引起的，特别是泵头机械摩擦引起的井水升温现象较多见。当井水长期被开采，井中水位逐渐下降，降到泵头附近时，部分泵头露出水面，水泵处于干磨状态，产生大量摩擦热，使抽上来的水温明显升高。

七、气候与天气在地震前的异常现象

我国古人很早就发现地震与气候、天气的变化之间有一定的关系。强烈地震会出现久雨忽晴、大雪、大风暴和酷热等异常现象。

比如，在1966年邢台地震的前三年，邢台地区发生百年不遇的特大洪水，1964年又连续遭受40多天的涝灾，到1965年又出现了几十年没见过的大旱，紧接着1966年就发生了7.2级强烈地震。1970年云南通海7.8级地震也是发生在大涝大旱之后。1975年的海城7.3级地震是发生在前一年秋季雨水特别多之后。

海城地震前的热异常现象就比较明显，其特点是"高温低压"。某些昆虫对于气温、气压的变化十分敏感。海城地震时值隆冬，却出现了蜜蜂和蝴蝶，这可能与低压高温现象有关。另外，气压降低，可使水中溶氧减少，鱼类会感到呼吸困难而表现出烦躁不安或浮游水面。在高温低压天气条件下，蚂蚁可能会误认为天气转阴雨而搬家。

这里所说的动物异常的直接原因是气象因素所引起的，但震前气象异常与地震有关，因而气象异常所引起的动物异常也起到了地震前兆的作用。

一个地区的气候变化，主要是由三个因素决定的，即太阳辐射、大气环流和地理环境。其中大气环流是具有全球性的大气运动，因此，是最为活跃的因素。天气、气候的变化主要就是由大气环流的异常造成的，并与当地的地理环境密切相关。当我们发现气象异常时，应请教当地气象台的技术人员了解天气与气候变异的原因，并根据发生异常的地理位置、当地的地震监测情况，进行综合判断，才能决定其异常的性质。

此外，地震云也是很多人所关注的一种可能前兆。

早在 17 世纪，中国古籍中就有"昼中或日落之后，天际晴朗，而有细云如一线，甚长，震兆也"的记载。1935 年，宁夏的《重修隆德县志》中记载有"天晴日暖，碧空清净，忽见黑云如缕，宛如长蛇，横卧天际，久而不散，势必为地震"。

1948 年 6 月 27 日，日本奈良市的天空，突然出现了一条异常的带状云，好似把天空分成两半。这种怪云被当时奈良市的市长看见了。第三天，日本的福井地区真的发生了 7.3 级大地震。市长把这种"带状"、"草绳状"或"宛如长蛇"的怪云，称为"地震云"。他认为，"地震云"在天空突然出现后，几天内就会发生地震。这位市长的观点得到了一些日本气象学家的支持。

那么，什么样的云才是地震云呢？这种云的最大特点在于"奇"，与一般的云有着明显的区别。蔚蓝的天空中有时会留下一条飞机的尾迹，常见的条带状地震云很像飞机的尾迹，不过更加厚实和丰满些，它一般预示震中处于云向的垂直线上。另外有一种辐射状的地震云，则有数条的带状云同时相交在一点，犹如一把没有扇面的扇骨铺在空中，云的交点垂直于地面就是震中所在地。此外还有一种条纹状地震云，形似人的两排肋骨，根据此云判断震中较为复杂。

关于地震云的形成有两种说法：

一是热量学说——地震即将发生时，因地热聚集于地震带，或因地震带岩石受强烈引力作用发生激烈摩擦，而产生大量的热量，这些热量从地表面溢出，使空气增温产生上升气流，这气流于高空形成"地震云"，云的尾端指向地震发生所在地。

二是电磁学说——地震前，岩石在地应力作用下出现"压磁效应"，从而引起地磁场局部变化；地应力使岩石被压缩或拉伸，引起电阻率的变化，使电磁场有相应的局部变化。由于电磁波影响到高空电离层而出现了电离层电浆浓度锐减的情况，从而使水汽和尘埃非自由的有序排列从而形成了地震云。

一般认为，地震云出现的时间以早上和傍晚居多，地震云持续的时间越长，则对应的震中就越近；地震云的长度越长，则距离发生地震的时间就越近；地震云的颜色看上去越令人恐怖，则所对应的地震强度就越强。

目前，对于地震云的形成原因众说纷纭，虽然各有道理，但是都不能完整的解释地震前出现的这种现象，所以至今还是个谜，而且地震本身是个非常复杂的过程，所以预报地震，最好采用综合法。

临震前的气候异常，可能是地壳中局部地区温度的变化、压力的变化与电离、放电等现象同大气低空电磁变异相互影响的结果。但是造成气象异常变化的原因很多，并不是每次特异的气象变化都能激发地震的发生，也不是每次强震前都有气象异常现象出现，我们必须根据当时当地的具体实际情况，认真分析，区别对待，才能避免得出错误的结论。

八、地震前出现的地声现象

由地震造成的声音叫作地声。人们很早就注意到地震前出现的地声现象，并利用地声做临震预报。

我国史书上记载地声的例子很多。古人描述："每震之前，地内声响，似地之鼓荡"；"将震之际，平地有巨大风声怒吼"。《魏书·灵征志》记载：山西"雁门崎城有声如雷，自上西引十余声，声止地震"。清朝乾隆年间的《三河县志》记载 1679 年三河 8 级地震前的情景："忽地底如鸣大炮，继以千百石炮，又四远有声，俨然十万军飒沓而至，余知为地震……" 1976 年 7 月 28 日唐山大地震前五六个小时，不少人也听到特别奇怪的声音。

地声，同其他声音一样，也是由于振动引起的。地震前，由于地壳中岩体的脆弱部位首先发生断裂或滑擦引起的声现象，是地震孕育过程中的一种物理现象，是一种地震先兆现象。注意观测地声，对地震预防有重大意义。

我国已有很多利用地声成功预测地震的先例。

1855年12月11日，当时辽宁金县发生了5～6级地震，房屋倒塌了567间，震中区的居民由于利用地声进行了预防，因此未曾死一人，只伤了7人。

1830年6月12日河北磁县发生7.5级大震，震前人们听到地声如"雷吼"，若"千军涌溃，万马奔腾"，于是"争先恐后，扶老携幼，走避空旷之区"，紧接着发生了"屋宇倾颓，砖瓦雨下"的地震灾害。

1975年2月4日辽宁海城7.3级地震也出现了明显的地声现象：大震发生时，极震区听到类似岩石破裂时的"咔嚓"声，外围区听到闷雷似的声响；震前2分钟，在本溪听到如狂风似的呼啸声。

唐山大地震前，滦南县有位中学教师，凌晨2时听到隆隆的地声后，立即喊醒周围所有的人离开建筑物，到空旷地带躲避。结果，凌晨3时42分，大地震就发生了。

据地震调查，地声有各种不同的声音特征，而且同一地震在不同地区人们听到的地声往往不同，而不同时间同一地区的地震往往具有相同的声学特征。说明地声与构造、岩性、作用力大小、物体共鸣与反射等因素有关。基岩出露地区比厚沉积层易于传送地声。

地声多出现于临震前10分钟以内（占总例数的78%），个别地声出现于几小时之前。地声出现的范围可达到距震中300千米处，但愈接近极震区越多。

在震中区或近震中的范围内能普遍听到地声。极震区的人不能辨出声音发出的方向，而远处的人则往往认为可以辨认。随着距震中的远近不同，所听到的地声也不一样。比如有的类似闷雷声，有的类似远雷声或岩石破裂时的"咔嚓"声，有的则是隐隐有声。在靠近震中的地方，大震前可以听到像狂风、雷声、坦克开过来的声音，像开山炸石的沉闷爆炸声等。

地声和人们日常生活中经常能听到的声音有明显的区别，多半声音沉闷，而且震级越大越沉闷，声音也越大。

九、地光及其与常见发光体的区别

伴随地震而出现的发光现象叫作地光。有关地光现象的资料古今中外都有记载。

比如，1975年2月4日辽宁海城7.3级地前，从丹东到锦县、大连到沈阳的广大地区见到地光，在海城、营口一带十分普遍，震时地光照亮全区，如同白昼一般。震前一天开始在海城、盘锦等地就能见到大量火球由地面升空，其状如球、锅盖、电焊光、信号弹等，还可见篮球大小的火球在地面上滚动，碰到物体就爆炸。

1976年7月28日河北唐山7.8级地震前一天开始，震中及其外围上百千米范围内出现大量的地光现象，发震当晚更为强烈，约60%的人见到了地光。滦南县内，震前6小时看到庄稼地上空8～9米高处闪现一片蓝光，持续2～3秒；震前5小时在乐亭县见到一条红黄相间的光带，像架空电线着了火似的；在昌黎县，震前2小时见到一条很长的白色闪光，瞬间照亮一大片天空。

关于地光的成因尚无定论，目前主要是电磁发光现象和可燃物质氧化燃烧现象两种说法。在地震孕育发展过程中，可能引起电磁发光现象，如地下电流异常、岩石粉尘摩擦生电、空中电异常、地下石英的压电效应造成空气电场异常、放射性物质引起的低空大气电离现象等。

地光除在震前出现外，在地震时和地震后也可能看到地光。地光的颜色以蓝色、红色较多，白色、黄色、橙色、绿色较少些。

从地光的外表形状来看有五种：第一种是球状光。它是呈圆球形，红色，像火团，又像信号弹，主要是从喷砂冒水口和地裂缝中喷出的，升到空中后立即消失。第二种是片状光。它是成片闪光，主要从地裂缝中发出，随地裂缝的张合而闪动，并伴有"咔咔"的声音，远看犹如火光冲天。第三种是条状闪光。看到时呈银白色或红黄色（也有浅黄色和紫色的），好像雷电或电弧的闪光，它是随着地声和地面的振动一闪一闪的，地面振动一结束，条状闪光也随着消失了。第四种是带状光。它在天空出现时像一条细长的光，闪动时是一条光带一起闪动的，与其他几种不同。第五种是柱状光。它的颜色是白色的，形状像火炬一般，自地面向上升腾。

地光往往在地震前几秒钟至几分钟内出现。因此，一旦发现地光，应立即撤离危险建筑，到安全的地方去。

地光异常是重要的短临前兆，容易与地光异常混淆的现象有霞、虹、闪电、极光、黄道光、流星、电线走火、电焊光等，必须认真区别。

霞是指早晚太阳升起或落山之前地平线上空出现的云彩。它与地光的主要区别是：霞出现的时间与地点较固定，色彩排列有规律。晚霞的颜色从地平线开始按红→橙→黄→绿→青顺序向上排列，有时缺某一两种颜色，但其排列顺序不会改变；早霞的颜色与晚霞一样，但排列顺序相反。

虹是雨后天晴时的大气光学现象，一般呈带状，是太阳光按一定角度照射在水滴上并经折、反射作用而生成的，一次折射后生成的虹带"内紫外红"，二次折射后生成的虹带"内红外紫"。其与地光的区别是：虹出现在雨后晴天，持续时间较长，色彩特征明显。

闪电是雷雨季节大气中出现的瞬间强烈的大气放电现象，其形状多样。闪电与地光的区别是：闪电多出现在雷雨季节有云天气，一般出现在空中，由上向下，运动速度极快；地光出现在地面，由地面向上运动，运动速度较慢。

极光常出现于春分与秋分前后的高纬度（我国的黑龙江、新疆、内蒙古、吉林等）地区夜晚天空中，景色瑰丽，鲜艳夺目。这种光是太阳微粒辐射作用于地球高层大气时，高空大气发光产生的。它与地光的差异是：除了在一定地区、一定季节与一定方位上出现之外，高度很高，一般在离地面80～1000千米高空中。

黄道光是春分前后黄昏之后沿着山巅向西望或在秋分前后黎明前站在山顶上向东望时，在地平线上可见的锥形暗弱的光辉。这种光除出现的时间与地点较固定外，主要是辉光较弱，持续时间不长。

流星常见于晴朗的夜晚。它是太空中的岩石碎片（一般很小）落入地球大气层后，与大气发生强烈撞击磨擦燃烧引起的现象。它与地光（火球）的差异在于：地震火球（直径一般20厘米以上）要比流星（一般在几个厘米之下或更小）大得多；地震火球（十几至几十米每秒）要比流星（大于几十千米每秒）运动速度慢；地震火球（通常高度只有几十米）要比流星（通常上百公里）出现的位置低。

平时还可见到高压输电线走火发光的现象，此为输电线遭雷击，导线上出现的高压引起线路短路或局部熔化烧断引起；或线路绝缘子表面被微尘、废气等导电物质附着包围，遇到潮湿空气导电而发光；还有大风天气两根输电线摆动碰撞发光等等。这种现象只出现在高压输电线上和在特定的天气中，而且其颜色多为蓝色，十分耀眼。

闪光可能是在夜间焊接作业时发出的电焊光，这种光出现的位置明确，辉光照射的范围十分有限，强度一般比地光弱。

生物也有发光现象。某些海洋生物，如海绵、水螅、海生蠕虫螺、海蜘蛛及某些鱼类等，都能在夜间发光。但它们发出的多是冷光，颜色以淡蓝色为主，红色与橙色等很少。作为地震宏观异常出现在海面上的地光，多固定在一定范围内，不会随生物群落的运动而迁移，而且发光强度很大，有时还伴随有火球、光柱等现象，易与生物发光区别。

除了上述发光现象外，有时可见塔尖、树梢、桅头等高尖建筑物或构筑物尖端放电发光，飓风登陆、大风天气扬雪粒或砂粒、大规模雪崩和火山喷发时，也会出现大气发光现象。它们都与地光不同。

再次强调，千万不能盲目地把一切"闪光"现象都归结为地光，否则，就会引起不必要的慌乱，带来不应有的麻烦。

十、和地震没有关系的宏观异常现象的一般特点

我们平时所观察到的"宏观异常"，大多数和地震没有关系。有时，由于

人们对非震宏观异常不能及时加以区别，往往引起不必要的紧张。一些地震工作者也往往面对接踵而至的异常信息真假难辨，影响了对震情做出正确的判断。因此，对非震宏观异常进行深入研究，对于人们及时识别真假异常、掌握震情是非常必要的。有学者总结了非震宏观异常的如下一些基本特点：

1. 异常幅度低

与地震宏观异常相比，非震异常幅度一般较低，其异常反应难以达到非常强烈的程度。

例如，往年井水位在雨后上升变化 0.8 米，今年雨后上升 0.6 米或 1.0 米，一般都不是异常，这样的差异都属于正常动态变化的范围。但是如果井水位上升了 2 米或 3 米，则需"另眼看待"了，查一查以往有没有此类现象，特别是没有地震的年份出现过没有。若没有，才可考虑可能是宏观异常。

一般情况下，地震宏观异常对大地震反应有着特别明显的异常幅度，中强以上地震，特别是 7 级以上强烈地震有着超乎寻常的反应强度，其异常数量之多，范围之广，程度之烈，绝非一般非震异常所能比拟。

宏观异常在震前发生强烈反应的原因可能出自以下两个方面：

一是一般的地震活动不足以激起地球物理—化学场的强烈变化。只有在较大地震前，在地壳应力场发生剧烈大调整的情况下，才可能导致地面异常区内种种宏观异常现象发生。当然，有些较高烈度的浅源小地震，也会引发一定数量的宏观异常。那也是由于（孕震）震源浅而在地表能引起强烈反应的结果。

二是一般数量和程度的宏观异常，不足以引起人们的注意。只有大量的高强度异常，才会引起人们广泛的关注，进而导致异常尽可能多的被发现。

非震宏观异常与地震异常在成因上有着根本的区别，它是由近地表多种因素共同影响所产生的结果。所以，与地震异常相比，其异常种类和异常形态都表现出较明显的随机性特点。因此，非震宏观异常的形成缺乏统一的形成机制和剧烈的应力活动背景，它的形成和分布是随机和零散的，很难给人形成强烈的印象。

其实，若没有地球应力场的强烈变化，引起大范围大幅度变化强烈的宏观异常也不大可能。此外，对于人类生活而言，即使是地壳应力场的局部调整，反映在地球表面，也是相当大的范围。由区域地表因素引起的异常与大面积普遍发生的地震宏观根本无法比较，个别表现较为强烈的非震宏观异常，毕竟是小概率事件，既不会改变非震异常的特征，更不会对异常属性的总体判断产生影响。

2. 异常种类单一

非震宏观异常表现出强烈单一性。

首先是表现为异常种类的单一性，这是因为各类宏观异常有其特定的形成机制，局部干扰因素，不可能像地震因素那样引起全面的异常反应。

另一方面，还表现为单一异常种类的单一异常形态。以地下水异常为例，特定的时—空区域内出现的异常可能以翻花冒泡为主，也可能以水位升降为主，更多时以单一的水位上升或下降较为常见。这是由于在一定地表因素支配下，单一地质结构很少能导致地下水同时发生多种变化的缘故。

3. 异常不会随着时间的推移呈现有规律性发展趋势

地表干扰因素是随机干扰，干扰消失，异常不复存在，或者自然界新的平衡建立，原来的"异常现象"发生另外的转化，以新的方式正常存在下去。大震前的宏观异常，随时间的推移而发展反映了震前应力场孕育发展的内在规律。具有从孕育、加强到爆发的阶段性发展过程。因此，由随机干扰引起的宏观异常，也不可能像地震异常那样有其特有的发生发展规律。

十一、警惕"恐震心理"引发的"异常"

在我们工作中，常常会遇到这样的情况，即在一定时期内宏观异常突然增多，有时还会伴随地震谣传的流行而引起局部地区的"地震恐慌"。但是，经过深入工作就会发现，有些异常不仅与地震无关，且不少异常属讹传错报造成的"假异常"。这种现象的出现，归根到底，是与人们的"恐震心理"有关。而"恐震心理"的产生和发展，又依赖于特定的社会条件。

在生活中，常见的是震灾引起"恐震心理"。大地震发生后，地震灾害引起人们的恐惧，怕大地震再次发生并向它处转移，以致人们对地震异常十分敏感。唐山地震后，河北省北部地区"宏观异常"骤然增多，经现场落实，结果假多真少，视正常为异常，大多数人们心理作用所致。

1976年8月28日下午，河北赤城县东卯公社青山羊沟村井水发红。据现场观察，该井为大口井，正好位于一个断层上，地下水由井底承压逸出，沿井口边一小口自由溢流。分析认定，人类活动使井水轻微污染（油污或肥皂），在井水表面形成一层膜，经阳光折射，显示紫褐色或暗红色。这种现象只有在适合的天气条件下才易于观察。这口井平时就存在有这种情况，人们不太注意。唐山地震以后，人们注意到了对宏观异常的观察，以致把正常现象也误以为异常。

因为宣传不当，也会产生社会"恐慌"。有时，不适当的地震宣传举动会使人们产生错觉，误以为地震即将发生，进而引起人们对宏观异常的特别关注。

比如，1990年，河北省某地一次地震救灾演习，曾引起人们对地震形势的猜测，同时引发了不少虚假宏观异常的产生。

因为人们对地震预报不了解，也可能产生恐慌。在目前情况下，对地震专家而言，地震预测意见的产生以及对其进行评论只是一个学术问题。但预测意见一经外传，常常引起人们对地震形势的无端猜测，对社会产生影响，且认为有"情况"者多。有时，地震流言不胫而走，本来正常的自然现象也被看作宏观异常，结果草木皆兵，人人自危。

1970年3月初有关单位发出预报，认为河北省某地区在3月6～12日将发生破坏性地震。按此预报，有关方面立即开展工作，并向群众收集宏观异常反映。当时收集的就有：鼠、狗、蛇、鸡、牛、羊、鱼、鳖等动物异常，反映较多的是老鼠活动频繁。但经过调查落实，这些异常大多被否定。纵观事件发展的全过程，其中的人为因素显而易见。事后表明，这是一起典型的有特定原因引发的虚假异常突然增多事件。

实际上，"恐震心理"的产生，其根本原因还在于部分群众地震知识的缺乏以及缺少对地震宏观异常的产生、发展和映震特征的了解。在这种背景下，由于"恐震心理"的驱使，人们强化了主观思维，对身边的某些现象不进行深入的调查研究和分析，不假思索地推到地震异常方面来，以致把某些正常现象也看成地震异常。平时，人们一般都不大注意周围环境中随时发生的某些现象。但是，一旦情绪紧张，对周围的一切事物都警觉起来，视正常为异常的情况极易发生。这是在鉴别地震异常时应特别要考虑到的问题。

十二、识别宏观异常工作的基本要求

国家倡导专群结合，要求"三网一员"人员，也欢迎普通民众发现各种异常现象及时向当地地震部门反映，即使不能确切地判定它是否与地震有关，也没有关系——因为地震部门会派科技人员进一步调查核实。但是，千万不要看到一些看起来像地震前兆的现象，就以为一定会发生地震，到处宣传，闹得满城风雨。因为一些看起来很类似的现象，有可能是别的原因引起的。

在实际工作中经常会发现，各类宏观异常出现之后，并没有发生地震。要注意观察的话，几乎天天在全国各地都会发现各种各样的宏观异常现象，但破坏性地震并不天天发生。在全国范围内，较多时一般也不过一年发生一两次，少时几年发生一次；对一个地区而言，常常是几十年乃至几百年甚至一两千年才会发生一次破坏性地震。这样的基本事实，说明引起宏观异常的原因可能是多种多样的，地震活动只是其中原因之一。

2002年5～6月，四川省凉山州地区出现较多的宏观异常现象，在西昌、普格、冕宁、宁南等地共出现80多起，其中到现场落实的就有40多起。这些现象中有泉池水变浑，溶洞水流量剧减，井水自溢自喷，老鼠成群搬家或在庙中一夜相互厮杀，燕子夜宿电线上不归巢，一些不明种属的透明蠕虫（个体长约1厘米，粗约1～2毫米）绞成一股粗2～3厘米，长达几米的绳状群体由地下爬出后"集体"迁移，等等。这些现象，空间上多沿活动断裂带出现，时间上其数量日渐增多，由5月中旬的每日仅1～2起，到5月下旬多到每日8～10起，到6月上旬最多时达每日20起。到6月10日晚10时20分左右，在西昌市的邛海，出现半夜鱼跳"龙门"的非常壮观的异常，在长约3千米、宽超百米的水面上，有成千上万条鱼蹦出水面，蹦高大者可达3～4米。当渔船穿过该区查看时，竟然有几百斤鱼落在了船上。于是，有学者提出，"未来一周内，在当地有可能发生大于6级地震"的预测意见。但是，随后，预测中的地震并没有发生，各类宏观异常也几天后全部消失。这次异常可能只是一次强烈的地质构造活动的反映。

判定观察和观测到的自然界异常变化是否与未来的地震有关，常被称为"地震宏观异常识别"。它是地震宏观异常测报工作中的重要环节。地震宏观异常有时稍纵即逝，很多具有地震预报意义的宏观异常极易被忽视。许多地震前的宏观异常现象都是震后回想起来的，而在当时并没有在意。

识别宏观异常时，要防止两种倾向：一种倾向是震情不紧时，虽然出现了宏观异常，但不注意、不重视，没有识别出来；在震情紧张时，又容易出现另一种倾向，即把正常变化当作宏观异常看待。震情紧张时，有些人容易"见风就是雨"，缺乏科学的态度。识别宏观异常，一定要结合当地当时的具体情况，抓住本质的变化。有些宏观异常虽然也很显著，以前从没有见过，但也可能与未来地震无关，而只是由当地当时某些特殊原因造成。因此，要把识别出的宏观异常判定为地震宏观异常，要做很多工作，即异常的核实与震兆性质的判定。

对于"三网一员"人员来说，在发现可能的地震前兆异常和异常落实工作中，一定要特别注意以下几点：

一是重科学。异常落实工作是一项科学性很强的工作，要用科学的思维、科学的态度、科学的方法，获得科学的结论。

二是重事实。异常落实工作的基本要求是重事实，坚持实事求是的原则。

要认真仔细地查阅有关资料；要带着"问题"深入现场做实际工作；要多调查多了解，防止"想当然"；必要时要动手，该试的一定要试，该测的一定要测。

三是重证据。无论是异常成因的判定，还是震兆性质的确认，力求要有六个依据，即资料依据、观测依据、调查依据、试验依据、震例依据、理论依据。

四是重综合分析。异常的落实不仅要关注异常个体的认识，而且要注意异常群体特性的综合分析，注意场源关系，注意时空演化等，从系统性、整体性、相似性等方面进行思考。

地震宏观异常有规律性，空间上受地质构造控制，时间上有同步性，种类上有广泛性，数量上有众多性。一旦发现宏异常现象，应采取综合分析的方法科学判定。

条件性分析：分析观察对象是否具备发生地震异常的条件。如苍蝇、蝗虫等就不具条件。

有效性分析：分清地震异常现象受干扰因素影响的程度，确定异常现象的有效比例。

特征性分析：地震异常通常是种类多、群体性强、特征性明显等，且随着震级而变化。

空间性分析：地震异常在空间上是不均匀的，在某些领域或地段上有相对的集中性。

时间性分析：地震异常出现的时间亦具有相对的集中性，在震前1天内或几天内，异常最为突出达到峰值。

强度性分析：无论是自然灾害，科技术语，防震减灾，地震监测，地应力动物或地下水，大震异常一般持续的时间较长，有时几起几落，且程度剧烈。

显而易见，宏观异常出现，即使是出现有一定规模的宏观异常，目前还不能断定是地震的征兆。一定要正视宏观异常在地震预测中作用的局限性，绝不能无条件地把宏观异常与地震挂钩，更不能单凭一两项宏观异常对震情做出判断，甚至做出预测。提取一批可能具有震兆意义的宏观异常之后，一方面要注意宏观异常的种类与规模、空间展布及其时空迁移的特征，另一方面还要与当地当时的小震活动性及微观异常做配套分析，科学地分析与利用宏观异常信息。

十三、识别宏观异常工作的基本程序

对于防震减灾工作者来说，落实宏观异常，要求做到及时、准确和科学。

所谓及时，就是因为落实异常的时间性很强，如果真是震前宏观异常出现，地震到来的时间就不会太远，不及时落实，可能贻误震情，造成不可挽回的损失；如果不是地震异常，而是其他非震因素的干扰，延误了时间，也会造成误解、误传，影响社会安定，给善后工作带来困难。所以发现异常之后，一方面要尽快报告上级有关部门，一方面要积极组织落实。

所谓准确，就是要把异常的状态客观地、真实地调查清楚，为分析判断提供依据。这就要把异常出现的时间、地点、范围、幅度、特征、发现过程、数量关系等一一搞清，反复核实，或邀请有关专家联合调查，这样才会全面、准确。

所谓科学，就是要用科学的方法对异常做出实事求是的判断，对异常做出恰如其分的解释，并给予理论上的说明，为进一步采取措施提供依据。

对地震宏观测报网工作人员来说，落实宏观异常工作，应包括如下几个基本程序：

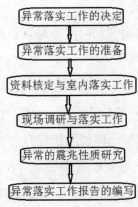

识别宏观异常工作的基本程序

1.异常落实工作的决定

异常动态的发现与上报是每个"三网一员"人员的责任和义务。每个"三网一员"人员都应把发现异常动态作为自己的主要工作之一。一旦发现异常动态时，必须及时向上级有关部门报告。有条件的情况下，在力所能及的范围内，也可进行或组织初步的异常落实工作。

被发现的异常，按其性质与显著性等可分为一般异常与重要异常。一般异常指异常幅度或速率不大，初步判定为可能属长期、中期与中短期性质异常；重要异常指异常幅度或速率很大，初步判定为多具短期、短临乃至临震性质的异常。

一般异常，按着正常的工作制度逐级向上级报告。但发现重要的异常之后，除向上级报告之外，还可以越级直接向省地震局或中国地震局监测预报部门报告。

各级监测管理及分析预报部门，接收到下级异常报告并经可靠性的核实之后，必须立即分析其重要性，并分下列三种情况处理：

①被判定为一般异常或震兆意义不明显的异常，先请发现异常与上报异常单位自行处理或研究，并提出工作指导方案；

②对被判定为具有明确的震兆意义的异常，请发现与上报单位或人员加强监测与密切注视异常过程发展的同时，还要组织有关专家进一步研究与分析其预报意义；

③对被判定为重大或重要异常，但其震兆性质不明者，必须启动异常落实工作程序，组织异常落实工作。

2.异常落实工作的准备

首先要制定异常落实工作方案。异常落实工作方案由地震监测管理部门牵头，由地震监测预报部门承担，委托具有较丰富的地震前兆监测与分析预报经验的专家或专家小组制定。

工作方案中应明确工作任务、人员组织、时间要求、经费概算等，但重点是明确工作内容、技术途径等技术内容。工作方案，经有关领导审批之后，即可交给异常落实工作人员去实施。

3. 资料核定与室内落实工作

首先要进行异常的再次核实。核实观测数据的读取、传递与处理，动态曲线的绘制，异常的识别等准确无误，确认异常存在的客观性。接着，进行异常成因的分析。根据异常出现的时间、异常的形态特征及同期出现的观测环境、仪器状况和观测情况的变化等，初步分析造成异常的可能原因，提出异常成因的几种可能性。

在异常落实工作时，至少需查阅和准备如下资料：相关的地形图、地质图、观测场地（含井孔、山洞）图件；观测仪器类型、性能指标与运行历史档案资料；异常测项的多年趋势、年变规律、月动态与日动态资料；异常测项的震例资料；工作必须的专著、参考文献、工作手册等；其他有关资料，如必要的水文气象资料、有关的人类活动资料等。

在进行上述工作的基础上，若可判定异常的成因，确认异常为非震兆异常时，可结束异常落实工作；若仍难判定异常的成因或怀疑为重要的震兆异常时，就要进一步进行现场查实与研究工作。

4. 现场调研与落实工作

异常落实的现场工作，应在异常落实的室内工作基础上，主要调查与研究同现场有关的关键性的问题。根据室内工作中提出的疑点，可开展如下工作：

①观测数据的现场核实与确认；

②仪器性能与工作状态的检查；

③观测人员操作过程的检查；

④重点调查观测环境与观测条件是否变化及其前兆观测产生的影响；

⑤补充收集异常动态影响因素的资料，包括各项气象因素、人类活动因素等一切有关的因素；

⑥在上述工作的基础上，通过定量或定性分析逐项排除的方法，进一步

判定异常的成因或缩小异常成因的可能范围；

⑦对某些异常的成因，虽可初步判定但尚难最终确定时，根据条件与需要组织必要的试验观测、对比观测、重复观测等；

⑧经过现场工作，或查清异常的成因并确认其为非震兆异常，或排除一切干扰因素影响的可能性，并认为该异常可能具有震兆异常的性质；

⑨在一些情况下，由于问题本身的复杂性与其他主、客观条件的限制，尚难判明异常性质时，暂可作为震兆性质的异常并提出进一步工作的建议与具体工作方案。

5. 异常的震兆性质研究

对被判定为可能具有震兆性质的异常，还要进一步确认其震兆性质。这一工作，可从如下三个方面进行：

①可比性震例的存在。与本观测网点的震例做比较，曾出现过类似的异常并对应地震，则可确认其具有震兆性质，并可认为具有较高的信度；

②与本地区其他网点同类测项的震例做比较，可找到类似的震兆异常实例，可认为其具有震兆性质；

③与国内外同类测项的震例做比较，可找到类似的震兆异常实例，则也可认为其具有一定的震兆性质。

在本网点的其他测项，本地区其他网点同测项或其他测项同期存在震兆性异常时，可认为该异常的震兆性质具有较高的信度。

根据现有的前兆映震理论，对该异常可做出科学的合理解释时，可认为该异常的震兆性质有一定的信度。

6. 异常落实工作报告的编写

经过异常落实工作之后，对工作结果分为以下两种情况分别进行处理：对于一般异常或工作较为简单的结果，可填写异常落实工作上报表；对于重大异常，可能具有重要的震兆意义的异常与尚难判明其性质的异常，要求编写异常落实工作报告。

在异常落实工作上报表中，要写清楚异常测项、异常的基本情况（主要说明异常出现时间、形态、幅度等特征及异常识别的依据等）、异常落实工作的基本情况（主要说明做了哪些工作，如何做的）、异常落实工作的基本结论（要求写明异常的成因，特别要写明异常是否具有震兆性质）。

异常落实工作一经结束，必须立即组织编写异常落实工作报告，报告应由承担异常落实工作的人员负责编写。报告的内容一般包括如下几个方面：异常的发现与上报；异常落实工作的组织与实施；异常成因的调查、试验与分析；震兆性质的分析与确认；工作的基本结论；存在的问题及对下一步工作的建议。

异常落实工作报告的编写，要简明扼要，重点放在异常成因的分析与震兆性质的判定上；对落实工作的结果要有一个明确的结论，一般不得含糊其词，或只摆出"可能"不下结论；确认暂不能下结论时，也应对下一步工作提出明确的建议。经过落实之后，若有不同看法时，也应在报告中如实地反映。

异常落实报告的上报，意味着一次异常落实工作的结束。

十四、上报地震宏观异常信息的方法和要领

地震宏观异常测报员发现宏观异常后，应及时进行异常的调查核实。首先要调查出现异常本身是否可靠，其次要分析异常原因，到现场访问有关人员，把握异常的真实性，必要时也可进行简单的测量、实验，分析异常规模、出现的区域和时间等特征。宏观异常调查核实后，要进行异常的识别，判断是否与未来的地震有关联，能否作为确定地震宏观异常的依据。

凡是被确认为地震宏观异常的各类异常现象，必须及时上报。一般要求一项异常填报一表。

上报的方式，一般是填写有关表格，然后传真、电子邮件、邮寄或派人送到指定部门。但是对突然出现的、规模很大、情况严重的异常，除了按规定填报表之外，还必须用电话以最快的速度上报指定部门。

一般情况下，在上报上级有关部门的同时，要报告同级主管领导，如主管的村委会主任、乡（镇）长、街道办事处与居民委员会或社区主任、单位领导等。

异常落实工作上报表

异常填报人	姓名		年龄		性别		职业		
	职务		家庭住址			联系电话			
异常发现人	姓名		年龄		职业		联系电话		
异常类别	地下水	动物	植物	地光	地声	地鼓	气象	其他	
异常种类									
异常描述	出现时间	月 日 时 分		结束时间	月 日 时 分				
	出现地点								
	异常现象								
	异常原因分析								
	异常可信度								
异常核实与处理情况	核实人员								
	核实时间	月 日 时 分至月 日 时 分							
	核实简述								
	核实结果								
	处理情况								
其他说明									

异常审核人：　　　　　　　　　　　异常填报时间：年 月 日 时

为了使地震宏观异常信息更加全面、准确、科学，异常的上报要按一定格式与填报要求填报表。异常上报表中的各栏，要尽可能填写全面，填写的内容要真实、可靠，符合要求。

异常填报人指具体负责填报此表的人，一般为基层地震宏观异常测报员。其职业指填报时从事的工作，如农民、工人、职员、教师、干部、科技人员、商人、军人等。家庭住址与联系电话，指近期可以最快速度找到本人的地址和电话。

异常发现人指发现异常并报告测报员的人。若多人发现时，填报其中较有权威的人，如干部、年长者、文化较高者等。

异常类别栏分地下水、动物、植物、地光、地声、地鼓、气象和其他，在相应栏中打"√"即可。难以归入前面几个类别的异常，填在其他栏中。

异常种类按类别下属的种类填写。

地下水异常类别可分为：井水位上升、井水位下降、泉水流量剧增、泉水流量减少或断流、井（泉）水翻花冒泡、井（泉）水变浑、井（泉）水变味、井（泉）水有异味、井水面飘油、井水面打旋、井中有响声等等。

动物异常类别可分牛、马、骡、驴、羊、狗、猪、兔、鸡、鸭、鹅、鸽、老鼠、蛇、青蛙、鱼、蚂蚁、蜜蜂、燕子等。

植物异常类别可分树木、花草、蔬菜等。

气象异常类别下可分气温、地温、湿度、气压、降雨等。

地声、地光、地鼓等异常类别，则不一定再分异常种类。

异常描述栏，出现与结束时间尽可能填准确，无法弄清时可用"早于"或"晚于"等说明，如"13日早9时30分前出现"；出现的地点尽可能填写准确，如农村，写到"×村西北230米远处公路上"；城镇写到"××街××号××号楼××门××室"等。

在这一栏中，最主要的是异常现象的描述，把主要的异常表现及其数量、异常显著的程度等一一记入，必要时要用数值尽可能准确地加以描述，但一定要抓住重点。

例如，"××××年6月10日22时15分到11日2时30分，×××家养鱼池内数百条鱼跳出水面，主要是鲤鱼与卿鱼，个体重0.5～1.5公斤，跳出水面高度1米左右，最高可达2米"等。

异常核实与处理情况栏，核实人员是指亲自到现场进行调查与分析的人员，若有多人时，填写负责人或代表人，此人可以是填报本表的测报员，也可以是他人，但一定要是对异常核实与分析情况最为熟悉的人。

核实时间主要是指现场调查与分析时间，若现场取样、送实验室化验等，可分开填写。

核实简述主要填写现场进行了哪些调查，访问了哪些人，收集了哪些资料，分析了哪几种可能性，现场还亲自见到或闻到什么，进行了哪些简易观测及其结果，什么时候在什么地方取了什么样品，送到什么单位何时测试，测试结果如何等等。

核实结果中要如实写上通过上述调查、分析、观测、测试得到的基本认识，可分为"地震宏观异常"与"非地震异常"。难以肯定时，可加必要说明，如："多数人认为是地震宏观异常"、"可作为地震宏观异常"、"暂难下结论"等；对非地震异常，可简要说明异常原因，如："大量鱼跳水，是养鱼池内缺氧引起的"，"蜜蜂早出晚不归，是附近菜田撒了农药引起的"，"井水面浮油花，是有人在井水边洗了油桶引起的"，等等。

处理情况指异常核实之后，报告同级主管领导与向上级主管部门报告的情况以及派人在现场进一步监视或组织人力、财力进一步核实与跟踪等情况。

其他说明栏，指在上述各个栏目中没法反映的其他问题及下一步工作建议、请求支援，也可以描述当地群众对本异常的反应及听说过的其他异常等等。凡是填报人认为有必要上报的内容，都可以写在这一栏中。

报表中一定要有填报人的亲笔签名，填报人为单位时也可写单位名称并加盖公章；异常审核人可以是同行、同事或主管领导，也可以是单位。审核人要对填报表内容的真实性负责。

十五、地震预报仍处于经验性的探索阶段

有学者把我国目前的地震预报水平状况概括为：我们对地震孕育发生的原理、规律有所认识，但还没有完全认识；我们能够对某些类型的地震做出一定程度的预报，但还不能预报所有的地震，我们做出的较大时间尺度的中

长期预报已有一定的可信度，但短临预报的成功率还相对较低。

需要指出的是，地震预测和地震预报是有严格区分的。地震预测是指地震主管机构或科研人员对某一地区内地震活动的未来状态，包括发生时域、地域、强度等要素进行的估计和推测。而地震预报则事关重大，关系到人民生命和财产安全，关系到社会秩序的稳定。从地震预测到地震预报还需经历预测书面报告提交、地震震情会商形成地震预报意见、专家评审和报告、政府部门统一发布等多个阶段。

通常来说，地震预测的技术途径是通过地震前兆信息、室内和野外的模拟实验以及孕震机理的理论研究来实现的。那么地震预测究竟难在哪里呢？原因可能有以下几个方面：

1. 地球内部的"不可入性"

地震震源位于地球内部，而地球和天空不同，它是不透明的。人类现在钻探的深井最深也只有十几千米，可地震有可能深得多。对于震源的真实情况，以及地震的孕育过程，无法直接观察。对于根据已有知识做的理论推测和模拟实验研究，也只能用地表观测来检验。同时，由于地震在全球地理分布不均匀，震源主要集中在环太平洋地震带、欧亚地震带和大洋中脊地震带，因此，地震学家只能在地球表面很浅的内部设置稀疏不均匀的观测台站。这样获取的数据很不完整也不充分，难以据此推测地球内部震源的情况。因此，到目前为止，人类对震源的环境和震源本身特点，了解还很少。

当前，对地下震源变化的认知往往只能通过地表的地震前兆探测来推测，包括地震、地形变、地下水、地磁、地电、重力、地应力、地声、地温等不同的科学观测手段。我国民间流传通过水质变化、动物迁徙等前兆现象判断地震的方法，还无法确定是确切的地震前兆。实际上，目前不仅没有任何一种震前异常现象在所有的地震前都被观测到，也没有一种震前异常现象一旦出现后必然发生地震。

2. 地震是小概率事件，经验积累只能慢慢来

全球平均每年发生 7 级以上地震只有十七八次，而且大部分在海洋里。我国是大陆地震最多、最强的国家之一，平均每年也只有 1 次左右。而且在过去 100 多年里，有 1/3 的 7 级以上强震发生在台湾及其邻近海域。我国大陆地区的强震又有 85% 发生在西部，其中有相当比例发生在人烟稀少、缺乏台站监测能力的青藏高原。

地震活动类型与前兆特征又往往与地质构造及其运动特征有关，也就是说，具有地区性特点。在一个有限的特定构造单元里，强震复发期往往要几十年或几百年，甚至更长。这样的时间跨度与人类的寿命、与自有现代仪器观测以来经过的时间相比，要长得多。

作为一门科学的研究，必须要有足够的统计样本，而在人类有生之年获取这些有意义的大地震样本是非常困难的。迄今为止，对大地震前兆现象的研究还处在对各个具体震例进行总结研究的阶段，还缺乏建立地震发生理论所必需的经验规律。

3. 地震物理过程的复杂性

地震是在极其复杂的地理环境中孕育和发生的。地震先兆的复杂性和多变性，与震源区地质环境的复杂性和孕育过程的复杂性密切相关。从技术层面上来讲，地震物理过程在从宏观至微观的所有层面上都很复杂。大家都知道，地震是由断层破裂而引起的。仅就断层破裂而言，其宏观上的复杂性就表现为：同一断层上两次地震破裂的时间间隔长短不一，导致了地震发生的非周期性；不同时间段发生的地震在断层面上的分布也很不相同。其微观上的复杂性则表现为：地震的孕育包括"成核"、演化、突然快速破裂和骤然演变成大地震的过程。以上地震物理过程的复杂性及彼此之间关联的研究深化，将有助于人类对地震现象认识的深化。

一个多世纪以来，地震预测是世界各国地震学家最为关注的内容之一。1973 年美国纽约兰山湖和 1975 年中国海城地震的成功预报，曾使地震学界

对地震预测一度弥漫着乐观情绪。然而，运用经验性的地震预报方法却未能对 1976 年中国唐山大地震做出短期和临震预报。此后，地震学家预报的圣安德烈斯断层上的帕克菲尔德地震，以及日本东海大地震都没有发生（前者推迟了 11 年，于 2004 年 9 月 28 日才发生，后者则至今还未发生），又使地震学家备感挫折。

美国科学家们曾提出"地震是不可预测"的学术观点，认为目前在世界范围内还没有任何方法能够有效地进行地震的短临预报。也就是说，还不能准确地预报几天到一两个月内地震发生的时间、地点和强度。这种观点在科学意义上大体是符合实际的，但不是绝对的。事实上，世界各国的地震学家们从来就没有停止过对地震预报的探索，并且不断地取得不同程度的进展。

我国是开展地震预报较早的国家，也是实践地震预报最多的国家。我国的地震预报水平世界领先，特别是在较大时间跨度的中期和长期地震预报上已有一定的可信度。就世界范围来说，地震预报仍处于经验性的探索阶段，总体水平不高，特别是短期和临震预测的水平与社会需求相距甚远。地震预测预报仍然是世界性的科学难题，可能还需要几代地震工作者的持续努力。

我们说地震预报是世界难题，并不是要"知难而退"，为放弃开展地震预报研究寻找借口；而是要明确问题和困难所在，找准突破点，以便有的放矢地加强观测、加强研究，努力克服困难，知难而上，积极进取，探寻地震预报新的途径。

· · · · · · · · · · · · · · · **实践与思考** · · · · · · · · · · · · · · ·

问题与思考

（1）你认为当前地震预报的水平如何？主要难点在哪里？为了克服这些难点，基层防震减灾工作者应该付出怎样的努力？

（2）你亲身经历过比较大的地震吗？你觉得哪些方面的地震前兆异常相对更可靠些？

（3）你认为识别地震宏观异常最关键的因素是什么？

阅读建议

（1）如果有条件，建议阅读《地震宏观异常摘编》（地震出版社，2010年7月出版）、《真假地震宏观异常鉴别》（地震出版社，1992年10月）、《大地的震撼：揭秘中国地震预报》（作家出版社，2011年4月）等书籍。

（2）建议经常登陆中国地震台网中心网站（http：//www.ceic.ac.cn/），了解地震信息，探索地震活动规律。

实践和探索

（1）如果有条件，建议参观附近的地震监测台，了解地震监测预报的原理和方法。想一想在监测手段方面，有哪些可以改进的地方？自制或购买一些简单的观测工具和简易仪器并坚持进行观测和地震异常现象的分析研究。

（2）登录中国地震信息网（http：//www.csi.ac.cn/），获取中国地震信息并在地图上标记（时间、震中、震级），记录近一年来中国地震情况，并进行分析总结，向熟悉的人介绍自己所了解的情况——重点分析地震频发的地点，所处的地震带，可能有关的断裂，探究地震发生的规律及未来的地震趋势。

第四章

"三网一员"应掌握的地震应急知识和技能

依法科学统一、有力有序有效地实施地震应急，最大程度减少人员伤亡和经济损失，维护社会正常秩序，是各级防震减灾工作者的重要任务。对于基层防震减灾工作者来说，除要学会编制街道和社区地震应急预案、规划应急避难场所、按要求及时进行灾情速报外，还要了解和掌握组织志愿者、对灾民进行心理安抚、地震预警等方面的知识和技能。

一、如何编制乡镇（社区）地震应急预案

编制并实施地震应急预案是综合防御城市地震灾害的一项重要工作，是为保障地震应急工作高效、有序地进行，最大限度地减轻地震造成的损失的有效途径之一。实际上，对于那些抗震能力较差、而又不能在地震发生之前全面完成抗震加固任务的城市和乡镇而言，编制一个切实可行的应急预案，并保证应急预案在地震发生后顺利实施，就成为其减轻地震灾害最为有效的措施。

地震应急预案是设想在破坏性地震发生后，各部门应采取的行动，包括各级指挥人员的岗位及指挥的内容，抢险队伍的成员，所需物资、器材的品种及供应地点、运输方式等。一旦地震发生后，只要各方面能按应急预案所

设计的方式迅速到位并开展工作，就不会产生混乱的局面，最大限度地减少地震损失。

实践证明，突发事件的第一现场通常在基层，基层社会的应急能力是全部应急的基础。基层社会是地震突发事件信息报告的责任主体，来自灾害现场的信息是准确判断灾害级别的重要因素，直接影响应急指挥决策；基层社会是灾害先期处置的工作主体，地震灾害的突发性要求基层社会必须就地开展自救和互救，要配合政府、部门现场救援的现场取证、道路引领、后勤保障、秩序维护工作。因此，构建乡镇、街道、社区等基层社会组织的地震应急预案，完善我国"横向到边、纵向到底"的预案体系，提高基层社会处置突发事件的能力意义重大。

对地震灾害认知程度的逐步加深，催生了地震应急措施的逐步完善。各级政府在健全应急工作体系的同时，乡镇、社区等基层组织机构的应急预案也在逐步建立。但是，也应看到，由于种种原因，目前还有一些基层组织的地震应急预案存在着实用性不足、操作性不强等问题，亟需修订、完善和提高。

1. 乡镇（社区）地震应急预案的内容和要素

《防震减灾法》第四十七条规定，地震应急预案内容应包括：组织指挥体系及其职责，预防和预警机制，处置程序，应急响应和应急保障措施。还规定，地震应急预案应当根据实际情况适时修订。

在乡镇、社区等基层组织机构，应急预案被作为处置突发事件的规范性文件，应当具有明确的组织、指挥、协调制度和行动程序，应当具有具体性、制度性和可操作性。这是乡镇、社区地震应急预案区别于省、市、县（区）级别的应急预案的地方。

社区地震应急预案就是在分析评估潜在的地震危害、事件后果及其影响程度的基础上，对社区机构的职能、人员配置、教育培训、技能演练、设施装备、物资保障、救援行动、指挥协调等方面做出的具体安排。

它涵盖四个要素：

预防——充分重视地震事件对社会的影响，分析影响后果，采取有效措施防止或降低灾害发生的可能性。

处置——对已发生的灾害有应急处置程序和方法，能进行快速处置或进行有效控制，防止蔓延，甚至将其消除在萌芽状态。

救援——采用预定的现场抢险救援方法，控制或减少灾害损失。

演练——定期演练有助于熟悉应急预案，掌握应急行动规程，完善应急预案，提高应急能力。

2. 编制乡镇（社区）地震预案的基本要求和结构

乡镇（社区）的地震应急预案应做到要素完整、职责明确、程序清晰、措施得当；与当地政府突发公共安全事件总体应急预案紧密衔接；根据辖区灾害风险点的实际情况、防灾能力以及应急物资配置状态，有针对性地确定可行的应急行动规程。达到地震发生后，能迅速开展自救互救，妥善安置居民，稳定社会秩序的目的。

通常，编制乡镇（社区）地震预案可参考如下结构：

①目的与意义：为开展本乡镇（社区）现有条件下的地震应急，达到减灾的目的。高效有序地组织指挥、协调和救灾工作。为本乡镇（社区）的应急行动指南。

②区域概况：本乡镇（社区）所辖区域的地理环境、人口分布、资源配置、生命线设施等基本情况。

③风险评估：受地震影响，可能出现的灾害现象。

④防灾能力：对乡镇（社区）建（构）筑物、生命线工程的抗震能力、次生灾害源分布及控制能力的简述。

⑤资源配置：乡镇（社区）应急物资配置、应急通道及场所配置状况；自我救助能力，志愿者能力及其配置情况；可能得到的救援力量及物资来源。

⑥指挥机构：明确乡镇（社区）震时指挥机构（通常包括指挥部办公室、

抢险救灾组、医疗救护组、人员疏散组、通讯联络组、治安保卫组、交通运输组、工程抢修组、后勤供应组等）的组成人员及其职责；现场指挥位置。

⑦相关图件：这是图形化的环境状况说明文件。包含社区总体平面布局图——标明了安全区、缓冲区和危险区，以及疏散通道和避难场所、现场指挥部位置、现场医疗和应急物资供应点，清晰标明各个建筑物内人员疏散的路线图。

风险点位置图——在社区平面图上标明了各个风险点具体位置。

应急功能图——直观表达社区应急功能与相关机构之间的关系。

⑦明确本预案的启动时机或者条件。一般而言，本应急预案在乡镇（社区）受地震波及影响时应当立即启动。

3. 乡镇（社区）地震应急预案的编制过程

在地震部门的指导下，"三网一员"人员牵头，由社区管理者、社工、物业管理者，以及专家组成专门的编制工作团队。

先收集本地及邻近地区地震活动背景资料，熟悉历史地震的影响情况，掌握可调配、可使用的应急物资资源，开展社区受灾风险点调查，分析社区应急能力，对在编预案进行效果评估。然后，根据减灾思路、关注点、防灾目的、预期效果等实际情况，设计预案框架，着手编写文本。

文本初稿完成后，应广泛征求预案所涉及的单位（部门）、社区居民、业主委员会、专业机构、行政主管部门和专家的意见，进一步修改完善，形成预案审核稿。

有关主管部门应组织预案审核稿的评审工作。评审通过后的预案应当公布。

乡镇（社区）地震应急预案应当向所在地政府主管部门上报备案。辖区政府主管部门汇总后向市（县）地震局上报备案。

4. 确保地震有效性应考虑的问题

预案的作用和意义几乎没人怀疑，但并不等于编制和修订完成的一份预案就完全有效、有用。因此，预案的有效性是个问题，为了使地震应急预案能够切实发挥功效，需要注意如下几点：

①预案的内容要有针对性。不仅要充分考虑本乡镇（社区）的基本情况，还要估计不同气象、地理条件、不同规模地震灾害造成的直接、间接损失、次生灾害及社会影响；估计灾后应急资源和力量。

②预案要经过培训和演习。对于人们普遍不太熟悉的地震应急来说，适应地震应急涉及人多、面广等特点，让全社会人们尽快掌握应急技能，培训和演习无疑是一种根本途径。

③预案保障要合理，注重可操作性。首先，地震应急预案要随着机构设置发生变化及时变更并修订；其次，确定地震应急行动任务的分工，更需注重从操作环节或者工作步骤上明确，要做到信息的及时沟通，保障应急及时、有序高效；再次，现代办公、通信、信息处理等技术手段是应急预案启动和运行的另一个操作平台，在预案编制时应对此予以重视和运用。

二、如何规划建设应急避难场所

我们都不希望天灾在身边发生，但我们又怎能断定天灾就不会在某一天突然降临？如何有效预防灾害，将可能造成的损失降到最低？

在地震等灾害发生时，大面积开阔平坦地区是最理想的公共避难地，城市人口密集区的室外公园和广场正好可以担当起这个角色。而未雨绸缪，规划建设应急避难场所，是每个城市必不可少的举措。

应急避难场所是具有一定规模的平坦用地、配套建设了应急救援设施（设备），或地震后相关设施可以进行相应功能转变、储备应急物资、设置标识、能够接收受灾市民疏散避难，并确保避难市民安全，避免震后次生地质灾害和火灾等危害，以及方便政府开展救灾工作的场所，主要包括公园绿地、体育场馆、操场、广场等室外开放空间。

加强应急避难场所的规划与建设，是提高城市综合防灾能力、减轻灾害影响、增强政府应急管理工作能力的重要举措。

1. 避难场所建设应配套的基本内容

一般应急避难场所，尤其是大型长期（固定）避难场所配套建设包括的主要内容除划定棚宿（居住）区外，还要有较完善的所有"生命线"工程要求的配套设施（设备）：配套建设应急供水（自备井、封闭式储水池、瓶装矿泉水或纯净水储备）、应急厕所、救灾指挥中心、应急监控（含通信、广播）、应急供电（自备发电机或太阳能供电）、应急医疗救护（卫生防疫）、应急物资供应（救灾物品贮存）用房、应急垃圾及污水处理设施，并配备消防器材等，有条件的还可以建设洗浴设施，设置应急停机坪。

2. 应急避难场所的规划与建设原则

规划与建设应急避难场所，应考虑如下原则：

①以人为本。以居民的生命财产安全为准绳，充分考虑市民居住环境和建筑情况，以及附近可用作避难场所场地的实际条件，建设安全、宜居城市。

②科学规划。应急避难场所的规划作为城市防灾减灾规划的重要组成部分，其规划应当与城市总体规划相一致，并与城市总体规划同步实施。建设应急避难场所要合理制定近期规划与远期规划。近期规划要适应当前防灾需要，远期规划要通过城市改造和发展，形成布局合理的应急避难场所体系。

③就近布局。规划应急避难场所，应坚持就近方便的原则，尽可能在居民区、学校、大型公用建筑等人群聚集的地区多安排应急避难场所，使市民可就近及时疏散，并努力使各区都能够达到人均避难场所面积标准。

④安全性原则。规划避难场所要充分考虑场地安全问题，这事关受灾市民的生命安全问题。避难场所要注意所选场地的地质情况，避让地质灾害地区、泄洪区等，选择地势较高且平坦空旷，易于排水、适宜搭建帐篷的地形，还要注意将场地和疏散道路安排在建筑倒塌范围外，并且远离化学品、易燃易爆品仓库等。

⑤可操作性原则。要充分考虑地震等灾害发生时受灾人员应急疏散避难的需要，紧密结合本地可以利用作为应急避难场所的公园绿地、体育场馆、

学校操场、各类广场和空地的现状，以及连接上述场所道路的现状，划定避难场所用地和与之配套的应急避难通道，并使其具有可操作性，易于设置、使用及管理。

⑥可通达性原则。应急避难疏散通道的通达与否非常关键，这一点对于设置大型避难场所尤为重要。因此，在规划时应力求建设好与避难场所连接的疏散通道，使市民在发生地震等灾害时，可以在最短时间内迅速到达避难场所。应急避难场所附近还应有方向不同的两条以上通畅快捷的疏散通道。要努力确保疏散通道畅通和确保救灾道路畅通。

⑦平灾结合，一所多用。应急避难场所应为具备多种功能的综合体，平时作为居民休闲、娱乐和健身的活动场所，配备救灾所需设施（设备）后，遇有地震、火灾、洪水等突发重大灾害时作为避难、避险使用，二者兼顾，互不矛盾。

应急避难场所应具有抵御多灾种的特点，即在突发地震、火灾、水灾、战争等事件时，均可作为避难场所。但多灾种运用时，应考虑具体灾害特点与避难需要的适用性，注意应急避难场所的区位环境、地质情况等因素的影响。

3. 应急避难场所的建设方式

应急避难场所建设可采取以下方式：一是体育馆式应急避难场所，指赋予城市内的大形体育馆和闲置大型库房、展馆等应急避难场所功能。二是人防工程应急避难场所，指改造利用城市人防工程，完善相应的生活设施。三是公园式应急避难场所，指改造利用城市内的各种公园绿地、学校操场等公共场所，加建相应的生活设施。四是城乡式应急避难场所，指利用城乡结合部建设应急避难场所。五是林地式应急避难场所，指利用符合疏散、避难和战时防空要求的林地。

4. 如何管理和使用应急避难场所

防震减灾工作要坚持预防为主、防御与救助相结合。国内外历次震害表明,科学规划、合理建设城镇应急避难场所,不但能够在灾时为受灾人员提供积极防护,而且在灾后较长的一段时间,能够起到应急指挥、医疗救助、卫生防疫、凝聚人心、维护稳定的重要作用。

对避难场所要进行严格规范的管理。避难场所的所有权人或者管理人(单位)要按照规划要求安排所需设施(设备)、应急物资,划定各类功能区,并且设置标志牌。避难场所的所有权人或者管理人(单位),要经常对避难场所进行检查和维护,保持设备和功能完好,以保证其在发生地震时能够有效利用。已确定为避难场所用地的,不论是何类何等,在地震发生时,都应无偿对受灾群众开放。

应急避难场所在突发灾害事故时的紧急启用,由区县、街道(镇)或相关单位按照预案组织实施,应急避难场所的权属和管理单位要积极配合。

应急避难场所所在地的区县、街道(镇)、居委会(村)及相关单位,要预先组织编制《应急避难场所启用预案》,并将预案的有关内容公布告知相关单位和居民群众。防震减灾助理员要根据预案,经常组织社区和基层单位等开展应急疏散演练,使广大群众熟悉应急避难场所和应急疏散通道,提高应对突发灾害事故的能力。

三、乡镇、街道或社区如何做好避震疏散工作

避震疏散规划是从城市、街道或社区的实际情况出发,根据震时需要避震疏散的人口和可能作为避震疏散的通道、场地等,选择恰当的避震疏散方案,并规定好震时避震疏散的组织工作,以尽量避免震时可能出现的恐慌、不安,尽量减少因避震疏散失误所造成的损失。

1923 年 9 月 1 日日本关东 7.9 级地震,是一次教训非常深刻的地震,在这次地震中,东京市有 4 万人在某军服厂一个 10 万平方米的广场上避震,由于地震后引起火灾,大火袭击,消防车被堵,竟有 3.8 万人被活活烧死在广场上。而在这次地震中,全东京城因房屋倒塌砸死的仅有千余人。可见,避

震疏散工作的重要性。不论建筑工程抗震性能多强，还是地震预报多么成功，搞好避震疏散工作仍是非常必要和重要的。

那么，乡镇、街道或社区怎样才能做好避震疏散工作呢？

1. 避震疏散人口估计

本乡镇、街道或社区辖区内的常驻居民人数，作为避震疏散的人口基数；在此基础上，再考虑流动人口避震疏散。

当然，在估计避震疏散人口时，除对人口总数进行估计外，还须了解人口年龄构成状况。因为在遭到地震袭击时，儿童、老年人和部分残疾人缺乏自救能力，因此，成年人不仅要自救，还有救护儿童、老年人和残疾人的责任和义务。

2. 选择适当的避震疏散场地

避震疏散场地是指发生大地震时，供从附近（包括周围地区）避震疏散来的居民临时生活的地方。前面已经介绍了应急避难场所的建设要求，作为避震疏散场地的应急避难场所，在面积方面还应该有一定的要求，一般地说，人均疏散面积应不少于 2.5 平方米。

3. 规划好避震疏散通道

作为避震疏散通道，应满足下列要求：

①尽量选择交通量小的道路。当用主干道做避震疏散通道时，路两侧应划出禁止车辆通行的人行道，并树立标记；

②要拆除道路两侧抗震性能差的各类建筑物和装饰品；不拆除时，要进行加固或列入加固计划；

③桥梁的抗震可靠度应予提高；

④道路宽度应根据避难总人数、平均距离、疏散时间、步行速度以及队伍密度等加以考虑。

4. 做好避震疏散组织工作

社区的避震疏散组织工作由社区（或街道）抗震救灾指挥部统一指挥、

综合协调，具体实施以各社区防震减灾助理员为主。

避震疏散组织工作包括避震疏散方案的选择、避震疏散方式的确定。

避震疏散方案可考虑三种：就地疏散方案、中程疏散方案和远程疏散方案。

就地疏散方案——指震时基本上不离开自己的家园，不出机关大院、工厂、学校、商业区和居住小区。就地疏散场地主要包括房屋之间的空地、街道公园、路边绿化带、小游园、中小学操场以及其他公共场所等。就地疏散人员可就近照顾自己门户，守卫公共财产。

中程疏散方案——疏散半径一般在 1 ～ 2 公里之内，且在半小时内可步行到达。疏散场地可选择公园绿地、广场、学校运动场、体育场馆、有安全出入口的地下室、人防工程等。另外，抗震性能好的房屋也可以作为集中疏散的场地。

远程疏散方案——指往外地遣送、分散老弱病残和愿意暂时移居外地避震的居民，这种方案有利于减轻震时城区的压力，但必须保证运输过程中的安全。

上述三种方案，主要是依据震情而定，一般情况下是三者兼用。

避震疏散方案主要是指导本社区居民按预案中的安排分配避难场地，安排疏散通道，指挥人员疏散，并做好居民生活安置等各项工作。

四、平时、临震和震后的应急准备和相关工作

防震减灾助理员在平时要指导村（居）委会、社区居民做好地震应急准备工作，临震、震后协助社区组织群众开展避震、自救互救和抢险工作。

1. 村（居）委会地震应急准备

为了做好地震应急准备工作，首先，要建立地震应急领导和指挥协调工作机制；其次，要制定地震应急预案，包括社区应急、邻里自救互救、人员疏散、人员密集场所疏导、重要目标岗位应急抢险、家庭应急等；第三，要组织建立志愿者队伍。明确组织者、人员、职责、任务，并进行培训、训练

和演习；第四，指导村（居）委会居民掌握地震灾害自防、自救互救基本知识，熟知附近的避难场所，并开展适当的演练活动；最后，还要储备必需的应急救助工具、物品。

生活物资的储备是震后保证人民生活的基础。储备的物资包括应急食品、粮食、衣物、日常生活用品（如照明设备）以及搭建临时房屋的物资。一次较大的地震，由于交通的破坏，一般情况下，大量生活物资在震后一定的时间才能运到，且运输也困难。因此，必须储备一个星期左右的食品、衣物等应急物资为妥，搭建房屋的材料（或帐篷）及其他日用杂品，也应适当储备。物资储备应考虑地震区的地理条件和气候特点。炎热的夏季，食品容易腐烂变质，储备应以饼干、罐头等不易变质的食品为主；寒冷的冬季，应多储备防寒衣物。当地及周围地区不易解决的，应适当多储备。对于偏远的山区，还应考虑便于运输和空投的包装形式。

储备一般分为三种形式，除了预报的震区储备以外，省、自治区、直辖市级有关物资部门应适当储备，个人、家庭更要进行普遍的储备。

由于地震预报尚处在探索阶段，预报地点不一定准确，因此，预报区所在的省、自治区、直辖市一般都要进行一些特殊物资储备，以便震后机动调运。个人、家庭的储备极为重要，应重视个人、家庭储备的作用。个人、家庭储备物资主要有：不少于三天的干粮、一定数量的水、必要的衣物、常用个人急救的药品、手电筒、袖珍式收音机等以及用于自救互救的小铁铲、克丝钳、改锥等小工具，放在特制的防震应急包中。

物资储备应考虑用防震性能强的仓库，并加强防震措施。储备地点要便于运输和发放，储存物资要注意保管，有些储存物资应定期更新周转，要注意防止霉变、虫蛀、腐蚀、老化等问题。家庭和个人储备一定要放置在防震安全、易于取放的地方。

2. 临震应急措施

在预计很快就出现震情后，各乡镇、社区、村（居）委会应迅速成立临震应急指挥机构,防震减灾助理员协助实施所管辖社区地震应急预案。

防震减灾助理员要密切关注震情变化,随时与上级地震部门联系,必要时可增设一些宏观异常观测点,及时向上级地震部门反映宏观异常信息;指导家庭贮存必要的食品、水、药品和手电筒等生活用品,加固住房或睡床,合理放置家具、物品等;根据政府和有关部门的部署,组织并疏散居民避震。

3.震后应急措施

一旦发生破坏性地震,要迅速成立应急指挥机构,负责社区内的快速反应工作;防震减灾助理员和灾情速报员,要迅速向上级政府报告灾情和紧急救助情况,尽快争取外界支援;迅速组织志愿者队伍和居民开展救助,防止次生灾害的发生;协助疏散灾民和发放救援物品;协助有关部门维护辖区秩序,配合公安部门分组、分区域巡逻,处置紧急情况。

防震减灾助理员和灾情速报员,还要通过向上级部门询问、网络查询等方式,了解地震发生的时间、地点、震级和地震趋势判断意见并及时告知居民;根据政府或有关部门的公告,组织本社区居民疏散。工作人员佩戴工作标志,有相关的责任区域,运用疏导用语引导社区居民,依照社区地震应急疏散计划指定的疏散路线,有序地疏散到指定的避难场所。

在楼栋之间、重要道口安排人员值守,将居民引导到临时紧急疏散区域。对社区内发生的地震次生灾害(如火灾、有毒气体泄漏、燃气泄漏等)及时报警,密切监视,进行有组织的扑灭与控制;迅速组织志愿者、居民和单位员工,对被埋压人员及受伤人员展开救助;快速掌握社区人员情绪和伤亡情况,对因恐慌和失去亲人、财产等造成心理障碍的居民提供心理疏导帮助;利用广播、喊话等形式,按照统一规定的疏导用语,消除居民恐震心理,安抚居民情绪。

五、了解和掌握抢险救灾的科学方法和技巧

破坏性地震发生后,抢险救灾工作就成为减轻地震直接损失的最后一项

措施，必须科学地、有条不紊地进行。基层防震减灾工作者只有了解和掌握抢险救灾的科学方法和技巧，才能取得良好的预期效果。

1. 明确震后抢险救灾的主要任务

只有明确震后抢险救灾的主要任务，行动起来才能有的放矢、有条不紊。抢险救灾的主要任务包括：

①查明灾情，了解抢险救灾重点区域，组织好抢险救灾的各专业队伍；

②各救灾专业组立即进入现场，根据拟定的各项救灾对策，迅速进行抢险、排险、救援工作。救护受伤人员，把仍处于危险地段的群众转移到安全地区，控制次生灾害；

③抢修生命线工程；

④迅速恢复交通，加强交通管制，保证救灾车辆及疏散人群安全；

⑤组织好避震疏散工作，及时安排好群众生活；

⑥做好震后防疫工作；

⑦根据了解的震情、灾情，确定地震烈度；密切监视余震，及时通报震情；

⑧维护灾后治安和生活秩序，加强对国家和人民生命财产的保卫工作；

⑨恢复生产，重建家园。

2. 确定抢险救灾的重点区域

破坏性地震发生后，一定区域内各个地方都会有不同程度的破坏，但由于抢险救灾工作受时间和力量的限制，不可能面面俱到，必须确保重点。抢险救灾重点区域主要是依据综合抗震能力等级（主要考虑疏散救援道路情况、建筑密度、人口密度、次生灾害源情况、救护、消防条件等因素）确定的，综合抗震能力低，地震时就必然成为重灾区，就必须作为抢险救灾重点。

3. 抢险救灾程序及方法

抢险救灾工作实际上也是一项技巧性很强的工作，应按一定程序进行；盲目、慌张不仅无济于事，有时还会增加不必要的伤害。

1976 年唐山地震时，启新水泥厂工房有一个十来岁的小女孩被压在废墟下面，呼喊求救。这时，邻家一位小伙子在不太了解情况的前提下，纵身一跃，正好落在小女孩头顶的房盖上，房盖受力再次下落，小女孩就这样失去了生命。

1966 年邢台地震中，马兰村某村民的父亲被压埋在废墟下，该村民救人心切，使用三凿挖掘父亲时，不慎凿在父亲头上，由于用力过猛，其父亲立时死亡。

因此，抢险救灾必须要按照科学的程序和方法进行。一般来说，从抢救人员进入现场，到抢救工作结束，可分为三个阶段：第一阶段，主要是根据受破坏房屋的情况及瓦砾堆的情况，了解房屋及有关设施的破坏程度、人员伤亡等；第二阶段，进入受破坏房屋，挖掘瓦砾堆，营救被困的人员；第三阶段，清理倒塌物件，疏通街道，抢救财产。

为了快速而有效地寻找被压埋人员，应注意以下方法：

①请遇险者家属及邻居提供情况；

①借助房屋的原设计图纸，判断可能被压埋的位置；

③监听遇险者的呼救信号；

④根据血迹及瓦砾中人爬行的痕迹追踪搜索；

⑤利用专门训练过的警犬进行现场快速搜寻；

⑥利用专用仪器探测、定位。

在抢救过程中，应加倍细心、谨慎，切忌莽撞：首先要确定遇险者的头部位置，并尽量使头部最先露出；暴露胸部、腹部，清除遇险者口、鼻中的灰土；对受伤者不可强拉硬拖，以防再增加新伤；尽量采用小型、轻便工具，用力时要注意适度；对暂时无力救出的遇险者，应尽量保证通风及水、食供应。

六、速报员在地震灾情速报中具有非常重要的作用

自 20 世纪 90 年代以后，各级人民政府都加强了地震应急基础建设。在各级地震工作部门的共同努力下，全国"地震灾情信息速报网络"基本建立

了起来。

速报员在地震灾情信息速报网络中处于最基层，如同人体神经系统中的神经末梢一样，是地震灾情速报网络的基础。一旦发生地震，出现灾情，速报员凭着人熟地熟，不仅可以亲自感受情况，而且可以更深入地调查了解当地情况并向上报告，在速报和应急抢险救灾中发挥一般人难以替代的作用。

我国目前大致有三种途径获得地震影响和灾害情况：一是人在感觉和观察到情况后迅速将信息上报；二是靠仪器观测记录得到；三是应用遥测遥感技术从空中观测。

靠人的感官直接察觉情况，再将消息通过各种传递渠道和手段迅速传送上报，人们在最短的时间内得知何时何地发生了地震以及不同地区的震感、破坏、人员伤亡、群众情绪等情况，有关部门可迅速汇集情况，得知灾害的程度和范围。

仪器观测有两种方法：一是将遥测台网地震仪观测数据经过分析处理后得到较为准确的发震时间、地点和震级大小以及震源深度，然后根据经验估计地震灾害大小；二是烈度遥测台网的烈度仪可测得不同地点的烈度值，将不同地点的烈度值分析处理后，可得到等烈度图，然后根据经验估计不同烈度区的灾害。仪器观测的不足之处是所得到的结果是估计的、宏观的，难以反映具体地点的真实震害情况和地震对人和社会的各种影响。

应用遥测遥感技术从空中观测，所得到的结果也是估计的、宏观的，而且是在震后一段时间之后才能得到，不能靠它适时得知灾情。它的长处在于可以得知大范围的震灾总体情况及其随时间的变化情况。

由此可见，人的速报是最直接的，它在地震灾情速报中具有极其重要的作用。

1. 地震灾情速报是政府采取措施维护社会安全的依据

1996 年 11 月 9 日南黄海 6.1 级地震，震中离陆地 150 千米左右，上海、江苏、浙江等地普遍有感。其中上海震感强烈，人们纷纷逃到户外，一时间街道和空旷处人山人海，上海中心广场聚集了几十万人。向上海市地震局询问情况的电话和人群蜂拥而至，竟使其所在的普陀区发生通讯和交通阻塞，市委、市政府和地震局在一段时间内都难以取得联系。但随着各个基层地方的情况汇集到地震局，并报告到上海市委、市政府，市领导很快掌握了上海全市的情况，是普遍"有感无损"。于是，上海市委和市政府及时采取有力的针对性应急措施，及时公告地震影响情况，公布了不会发生更大地震的预报意见，明确劝导群众回家休息，以便第二天正常的生活、工作和学习。富有成效的工作迅速地消除了广大居民的疑虑和不安，很快恢复和稳定了社会秩序。

2. 灾情速报是政府制定和实施紧急救援措施的依据

发生地震后，有无人员伤害？有无损失破坏？需要采取哪些抢险救援措施？是否需要和如何进行生命抢救、工程抢险、扑灭火灾？是否需要并如何安置灾民？各项应急和救援需要多少人员、装备、物资、器材？应急的整体工作规模需要多大？对所有这些问题，各级政府亟待得到决策依据，哪怕只是初步掌握震后的情况或者得知若干典型情况，也十分有利于政府迅速采取针对性紧急应对决策和处置措施，以尽快地抢救生命，消除险情，减轻震灾损失。

3. 灾情速报的及时准确，关系到应急救援的效率和效果

众所周知，发现灾情越早，越有利于救助生命，特别是从死亡线上挽救那些垂危的生命。获知情况越早，越有利于争取时间采取有效的应急措施，诸如调集急救用血和抢救装备与工具。以往有的地震发生后，由于缺乏及时准确的掌握情况，如震灾区到底需要多少人力支援，需要哪些专业力量参与救助等，使得对部署救灾工作增加了盲目性，大大降低了救灾效率。再如，对于急需抢救被埋压人员的各种工具、机械难以及时调集到受灾现场，许多救援人员不得不靠双手去挖掘被埋压者，由于效率低下，眼睁睁地看着一些人失去了生命。假如速报员能充分发挥作用，在破坏性地震发生后，及时将

震情和灾情上报给有关部门，就能避免出现这种被动局面。

广义地说，震情是指地震活动和地震影响的情况，它包括地震发生的时间、地点、震级、震感情况、有感范围、人们的反应等。灾情，是指地震造成的人员伤亡、财产损失、环境和社会功能的破坏的情况。

对于速报员来说，需要报告的震情是：地震发生的时间、震感情况、有感范围、人们的反应等。需要报告的灾情内容主要是：人员的伤亡及地点等情况；建筑物、重要设施设备的损坏或破坏情况；牲畜死伤情况；对当地生产的影响程度及群众的家庭财产损失等；社会影响：群众情绪，社会生活秩序、工作秩序、生产秩序受破坏及影响情况等。

七、尽快调查了解三类基本现象信息

《中国地震烈度表》作为我国的国家标准（GB/T 17742—1999），于1999年4月发布并执行。在《中国地震烈度表》中，规定了三类现象作为衡量地震烈度的指标，即"地面上人的感觉"、"房屋震害现象"、"其他震害现象"，称为衡量地震烈度三类基本标志性现象。某一地方的地震烈度，可以根据这三类基本标志性现象程度，进行定性地评定。

"地面上人的感觉"包括室内的人和室外的人，静止中人和运动中人。

"房屋震害现象"是指未经抗震设计、施工或加固的一般房屋，包括单层或数层砖混和砖木房屋所出现的震害现象。

"其他震害现象"，一是指悬挂物和不稳定器物对地震的反应，如吊灯摆动、门窗响动；二是主要指砖烟囱和石拱桥的裂缝倒落损坏或破坏；三是自然环境震害现象，就是地面上层的裂缝、塌方、喷砂冒水和岩层上层的滑坡、断裂，等等。

在《中国地震烈度表》中，涉及数量统计，要注意关于数量词的特定含义。相关的国家标准中的界定是："个别"为10%以下；"少数"为10%～50%；"多数"为50%～70%；"大多数"为70%～90%；"普遍"为90%以上。

《中国地震烈度表》是调查震害现象、评价地震灾害影响的有效工具，也是速报员观察、调查与判断地震灾害程度的依据。

地震发生时，速报员应认真体会地震动感的形式和程度，注意所处环境物体的变化，继而对附近的房屋、景物进行观察，然后对照《中国地震烈度表》中的三类基本标志性现象，粗略估计判断地震的影响或灾害程度。

首先要特别注意人的感觉，以动感"量"的差别去断定地震的大小。如少数人有感，地震多在Ⅳ度以下；如多数人有感，地震可达Ⅴ度；通常Ⅲ～Ⅴ度地震，称为有感地震；如站立不稳、行走困难，则可能达到Ⅵ～Ⅷ度了；通常把Ⅴ度以上地震，称为强有感地震；当然，强有感地震就可能有破坏了。

在分析人的感觉之后，结合对附近的房屋、景物的观察，就可对震情灾情轻重程度进行判断。如果"人的感觉"现象一般，仅仅使人"有感"，无房屋的损坏现象，这说明地震的影响程度较轻，相当于烈度Ⅵ度以下。如果还出现了轻微的"房屋震害现象"、"其他震害现象"，则表明地震较大，肯定是"强有感"，甚至可能是轻微破坏。房屋和其他震害，在程度上差别很大。如果不仅出现而且从"量"上看程度不轻，那么就形成相当程度的灾害了。

对于速报员来说，根据自己感受和观察身边的上述三类基本现象，可迅速做出首次速报，但是，首次速报的情况常常是粗浅的。进一步说，在负责的地域内，是否有人受到伤害？究竟是"强有感地震"，还是哪种程度"破坏性地震"的情况？手头掌握的情况是个别的，还是普遍的？是否还存在更严重的情况？公私财物、房屋建筑和有关生命线设施发生怎样的损坏？这些问题，常常在进行首次速报时，速报员还无答案。所以，速报员必须尽快调查了解自己负责的区域内的三类基本现象信息，以便进一步报告。具体行动建议如下：

第一，速报员根据自身感觉和其他人的感觉、连同所在建筑物的动态，如果初步估计出"不仅仅是强有感地震，可能有损坏"之后，又识别到出现了诸如墙裂缝、檐瓦掉、烟囱裂或掉等损坏或局部破坏的震害现象，便可粗略估计这种情况已经是损坏或轻度破坏了。那么，速报员下一步调查收集情况的重点是：室内和室外人的感觉；是否有人伤亡，其程度和数量如何；人群的震后行为和社会动态。

第二，根据自身感觉和他人感觉，连同建筑物的情况，如果速报员初步估计"绝对不是强有感地震，也不仅仅像是有些损坏的地震，看来还要严重"，接着再查看四周环境，如房屋建筑物破坏较重，这时便可粗略估计：这些现象表明烈度已经达到Ⅷ度或大于Ⅷ度。这样，速报员下一步调查收集情况的重点是：建筑物破坏的程度；人员伤亡数量；人群的震后行为和社会动态；地震造成的其他危急的震害现象。

八、地震灾情速报的程序和内容

地震灾情速报的基本程序是：发生地震要立即向当地政府及地震主管部门报告，了解掌握多少情况就先报多少，内容先简后详。先用电话、电台口头报告，之后再采用传真或通过网络报送《灾情上报表》等文字方式的报告。

传送途径要有"备份"方案，因为在平时轻而易举的事，震后都可能成为问题。所以，平时要知道哪里还有可用电话，还可以向谁报告，委托邻近速报员迂回上报情况是否会更快，等等。

具体的地震灾情速报程序如下：

1. 初报（第一时间）

地震发生 15 ～ 20 分钟内（夜间可增加 5 ～ 10 分钟，具体以本地《地震灾情速报工作规定》的相关要求为准）。

要点：简述个人感觉。

其内容是感觉到的地震动的程度、人们的反应、速报员所处环境及附近的房屋、景物的变化等。如果可能，还要尽可能包括社会及群众的动态和其他危险情况。

首次速报主要抓住"人的感觉",因为这是最显著、最容易判别的情况。初次速报时,了解多少情况就先报多少情况,不必求全以免延误时机,关键是求实、及时。因为首次速报的目的是"让上级最快地得知信息——某某地方的人已经感到地震(或者发生震害)了"。

报告用语:我是××地方速报员×××,现在从××地方向你速报地震有感(或破坏)情况,我所处环境(室内、室外)出现××××感觉,有(无)人员伤亡,房屋破坏;周围景物出现××××现象,详情正在调查中,随后补报,联系方式:××××。

地震时人的感觉和器物反应现场调查表

调查人		时间		调查点烈度				
被调查人姓名		年龄		职业		学历		震时所在地
人的感觉	晃动	强烈、中等、微弱、无感觉						
	抛起	强烈、中等、微弱、无感觉						
器物反应	抛起物	砖石块、茶杯、水壶、小家具等物件						
	抛起距离	____米						
	搁置物滚落	少量、部分、多数、全部(花盆、花瓶、花罐、书籍等)						
	悬挂物	电灯摆动,墙上挂画、乐器、小型家具掉下来						
	家具声响	轻微、较响、剧烈						
	家具倾倒	原地倾倒、移动____米、滚动____米						
地声	声响大小	强烈、中等、微弱、无地声						
	方向	东、南、西、北、东南、西北、西南、东北						
被调查人震时位置	在室内(第____层楼)、在室外_____							
位 置								

2. 续报(第二时间)

地震发生1小时内(具体以本地《地震灾情速报工作规定》的相关要求为准)。

要点:简述当地地震灾害信息。

在首次速报后,速报员应对自己负责区域内的情况进行调查,重点是人员伤亡、房屋破坏和社会影响情况。初步情况调查清楚后,进行后续速报。以后还要不断调查核实和补充新情况,随时上报。人员伤亡是上级领导急需知道的情况,应随时上报,发现多少报多少。后续速报涉及的情况信息将会更加详细一些。

要注意通过自身感觉、询问周围人员、电话询问、现场考察等多种方式尽快广泛收集资料。

速报内容主要包括:周围人员感觉;房屋震害情况;人受伤害情况;室内器物震害现象。

报告用语:目前 ×× 人有感,××× 地点 ×× 人员伤亡,房屋出现 ×× 破坏现象,室内器物出现 ××× 现象。

3. 再次续报

上次续报 1 ~ 2 小时后(一般震后 12 小时内,每隔 1 ~ 2 小时;震后 12 小时后,每隔 6 小时向上一级灾情速报平台续报地震灾情,具体以本地《地震灾情速报工作规定》的相关要求为准);如有重大灾情、突发灾情,应随时上报。

要点:扩大调查范围,补充、核实地震灾害信息。

速报内容:本行政区内有感或受破坏的范围;统计本行政区内人员伤亡数量;牲畜受伤害情况;社会影响:地震对社会产生的综合影响,如社会生活秩序、工作秩序、生产秩序的影响情况;经济影响:地震对生命线工程、一般工业与民用建筑物、重大工程、重要设施、设备的损坏或破坏,对当地生产的影响程度以及家庭财产的损失等。

报告用语:此次地震波及 ×× 个村,死亡 ×× 人,伤 ×× 人,倒塌房屋 ×× 间,×× 人无家可归,牲畜死亡 ×× 只(头),生命线工程(通讯、供水、供电、交通)遭受破坏情况,群众情绪 ××××,工作秩序 ××××。

九、如何填写地震灾情上报表

在破坏性地震发生启动灾情速报程序并进行口头速报之后，要及时填写和上报灾情上报表。需要注意的是，了解多少情况就填写多少，一次速报不必求全，随着事态的发展和了解情况的变化，必要时，可随时填报地震灾情上报表。

地震灾情上报表

上报单位			批准人			填表人		
灾情截止时间		年 月 日 时			上报时间		年 月 日 时	
联系人			联系方式					
震时感觉								
人员伤亡情况	死亡人数	失踪人数		被掩埋人数		重伤人数		轻伤人数
	造成人员伤亡的主要地点							
	主要原因							
牲畜死亡情况	大牲畜				小牲畜			
	造成牲畜死亡的主要地点							
	主要原因							
建（构）筑物破坏概况								
生命线等工程破坏概况								
次生灾害情况								
室内财产损失情况								
震区人员生活状况								
社会秩序影响情况								
地震灾区救灾情况								
地震地质灾害情况								
各类异常现象								
紧急救援的需求								
其他需说明的情况								

"上报单位"可以填写乡镇或所在社区（村）居委会，为了使收到报表的部门全面准确地了解情况，这一栏一定要认真详细填写；

"批准人"可以是乡镇或所在社区（村）居委会的负责人，这一栏要用手写的签名；

"灾情截止时间"应尽可能填写得详细些，日期也不要忽略，精确到时（尤其是灾情发展迅速的前期）；

"联系方式"最好写手机（尤其是发生破坏性地震后，在室外躲避或组织抢险、救援时）；

"震时感觉"可以参考如下语言描述：敏感的人稍有感觉、静止的人有较强感觉，室内的人多数有感、室外的人稍有感、室内的人都有感、室外人多数有感、步行中的人稍有感、所有人都有感觉并站立困难或摔倒，少数睡着的人醒来或惊醒、多数睡着的人醒来或惊醒、全部睡着的人醒来或惊醒，一些人惊逃到室外等；

"人员伤亡情况"一栏中，死亡和受伤的人员主要地点和原因可分开描述，如室内、室外，房屋倒塌、砖瓦砸伤等；

"牲畜死亡情况"一栏中的地点填写发现的位置，比如在棚内，房屋旁边等；

"建（构）筑物破坏概况"可以参考如下语言描述：墙壁掉土、灰层剥落，天花板震落、部分天花板震落、大部房梁掉土，微小裂缝、较宽裂缝、较多裂缝，门窗咯咯作响、不能开关门窗、玻璃破碎，房屋轻微损坏，掉砖、瓦，梁柱脱榫，平房的烟囱倒塌、瓦房烟囱倒塌，土坯房或草房倒塌，窑洞倒塌，老旧房倒塌、新砖房倒塌，楼房倒塌，等等；

"生命线等工程破坏概况"主要填报供水、排水管道，电力线路、燃气及石油管线等，电话、广播电视、网络等通信系统，公路、铁路等交通线路和设施等的破坏情况；

"次生灾害情况"需要填写由于地震所造成的山体崩塌、滑坡、泥石流、水坝河堤决口造成水灾，震后流行瘟疫，易燃易爆物的引燃造成火灾、爆炸或由于管道破坏造成毒气（含放射性物质）泄漏与扩散等方面的情况，等等；

"室内财产损失情况"既包括大型家用电器，也包括便携式电器（笔记本电脑，照相机等）以及现金首饰等贵重物品损失；

"震区人员生活状况"主要指衣食住行等方面的情况；

"社会秩序影响情况"主要描述灾区人民在遵守行为规则、道德规范、法律规章等方面的情况；

"地震灾区救灾情况"主要填写灾民自救互救、救援队、医疗队、志愿者等人员情况和采取的主要行动；

"地震地质灾害情况"包括软土地面陷落、地面沉陷、喷砂冒水、地裂缝、崩塌、滑坡、泥石流等方面的情况；

"各类异常现象"包括地下水异常、生物异常、地声异常、地光异常、电磁异常、气象异常，等等；

"紧急救援的需求"包括医疗救护紧急技术需求和工程抢险紧急技术需求，如：大约有多少人需要紧急救治，本地的自救及医疗条件如何，急需什么样的外援救治，进一步的可能危害因素——例如天寒地冻、房倒屋塌、伤员难以就地安置医治亟待外运疏散，等等；

"其他需说明的情况"一栏内可填写前面的内容涵盖不了，与本次地震有关或需要说明的内容。

十、赴地震灾区志愿者的装备和活动规则

为了通过实践提高能力，有些"三网一员"人员会希望到邻近的地震灾区做志愿者，本地受灾的时候，"三网一员"人员也常常要和赶往本地参与救灾的志愿者打交道。因此，学习和了解地震灾区志愿者应准备的装备和活动规则是很有必要的。

1. 充分了解灾区当地的情况

作为志愿者进入地震灾区，首先最重要的就是不能给当地增加负担，一定要收集确认好当地的信息，自己的事情全部要自己做。这是最基本的要求。此外，大量应急避难生活的支援工作和个人房屋的重建工作所要求的能力和装备各不相同，如果参加志愿组织的话，一般还要和大家共享帐篷和炊事用具，因此，有必要事先核实好。

志愿者开展活动的避难所以及周边地带，常会有余震或者二次灾害发生，作为志愿者要对此情况有所了解，并在自我负责的前提下开展活动，这种意识是非常重要的。

2. 准备必要的装备和物品

为了更好地保护自己和为救援提供保障条件，作为志愿者，在出发前，一定要准备必要的装备和物品。包括：

基本物品：旅行背包（能装自己所有的携带物品）、水壶、饮用水等饮料、活动期间自己所需的食品、雨衣、伞、活动方便的服装（根据季节的不同，防寒服、夹衣等）、换洗衣物、营养食品（巧克力、糖等）、应急医疗用品、常用药、笔记用具、毛巾、手绢、卫生纸、胶带纸、多功能刀、火柴/打火机、针线包、手机、手机充电池、电筒、便携式收音机、备用电池、必要的现金、身份证、驾驶本、健康保险证、垃圾袋；

住宿用品：洗漱用具、野外用的锅、筷子、野外住宿用的炊具（炉子等）、睡袋、睡垫、帐篷；

个人防护用品：帽子/头盔、耐磨手套、橡胶手套、普通手套、厚底鞋或安全靴、高筒雨靴、防尘眼镜、口罩；

应急救援工具：铁锹、小铲子、撬棒、水桶、麻袋、刷子，等等。

3. 佩戴明显的标识

一般地说，在灾区的志愿者接待中心或有关部门登记之后，就会得到证明信、胸卡、袖章、服饰等志愿标识。最好穿着特定的服装，佩戴明显的标识，这样在灾区志愿者不仅能够被受灾群众马上认出，志愿者之间也能立刻认出来，这对于工作的顺利开展非常重要。

4.遵守志愿者规则

志愿者活动规则是由各自治体或团体自己决定的。根据灾害或受灾情况的不同，规则也各不相同，因此一定要弄清楚自己所处的受灾地或者所属团体的规则。通常，志愿者应遵守的共同规则包括：

①不拍照不摄影。电视台的摄影队在避难所入口处24小时设置照相机，对此很多受灾群众感到不愉快，因为他们已经不能过着拥有各人隐私的自由生活。换位思考一下，如果你是受灾者，对于他人拍下你在避难所的生活或者被地震损坏的房屋，你又会做何感想呢？所以志愿者要特别注意不要给灾民拍照。

另外，志愿者之间也要避免相互拍纪念照，因为这可能会对受灾群众造成伤害。要注意，除被允许的以调查记录为目的的摄录以外，原则上个人都不要拍照。

②不领取救灾物资。原则上，志愿者要做好自给自足的准备，确保自己所需的食物、水、日常生活用品。如果志愿者接受救灾物资，那就是本末倒置了。即便物资有剩余或者是有人请你使用，志愿者都千万不能忘记物资是用于救灾的。

③受灾者优先。避难所内设置的临时电话和厕所以及其他相关设备，要在紧要关头使用，并且要以受灾者优先。

④给灾民鼓劲要慎重。平日挂在嘴上鼓劲的一句话"加油"，在受灾地有时并不合适。这种鼓励的话可能会让受灾者产生这样的心情："都已经这么努力了，还能再怎么加油"、"你又没受灾，你知道什么"。虽然是出于善意的鼓励，也可能会让人感到压力，这必须加以注意。

另外，很多受灾者想找人倾诉，志愿者要做他们忠实的听众，但是不要自己去询问他们受灾时的一些事情，这些都要用心掌握分寸。其中，还要特别注意，可能有人并不希望你主动搭讪，有的甚至不希望你在身边说话。

⑤态度有分寸。志愿者是以团队的形式齐心协力开展活动的，因此，往往看上去热情高涨。但是就和拍照一样，如果热情高过了头，可能会给受灾者带来不愉快。希望不管是在受灾地还是在共同生活的场合，都要注意把握好分寸。

另外，志愿者需要做的是那些别人希望你做的事情，有些情况下，不随意插手也是支援工作的一部分。例如，志愿者不要去包揽所有食物配给的工作，而是让避难者自己做好准备工作。要对志愿者没有工作可做的状况感到高兴，因为"不再需要志愿者"，就是迈向新生活的第一步。

⑥不要忘记根本目的。不要忘记前往受灾区的目的是从事灾区的救援和重建工作，志愿者可能都各具特长，但是你的工作就是在灾区灾民希望你做的事情，而并不是每个人都能发挥自己特长的。

十一、如何对受灾者进行心理安抚

在地震灾害发生初期，各界更关注对幸存者生命的救助，对其身体伤害进行治疗，但是心理上的伤害没有办法看到。自然，看不到不等于不需要认真对待。

当我们在理解如何对受灾者进行心理安抚的时候，重要的首先是了解自己能力的极限。理解受灾者、倾听他们的诉说、满足他们的要求，这些都不是单靠体谅和热心关怀就能够做好的。善意的举动有时候反而会给对方带来伤害。根据情况要采取不同的对策，因此，必须具备能够做出正确判断的理解力，以及足够的相关知识。首先要注意的是，我们要保证自己的心理健康。

其次，根据情况，当你判断有必要获得专家的支援时，必须立刻做出行动。不要坚持由自己来解决问题，而是要请心理咨询师或精神保健方面的专职人员来处理。

第三，在自己的职责范围内，尽可能做出适当的应对。以下是几项重要的基本原则：

1. 把握好心理安抚的大前提

要做好心理安抚，必须采取正确的态度，具体可参考如下建议：

①清楚自己的能力范围。看到眼前有人遇到苦难时，谁都会想要伸出援手，而那些自发前去参加救援活动的人，想要帮助他人的心情一定比普通人更为强烈。由此，他们很容易就会产生尽自己全力去帮助的想法。然而，勉强去做的话，有时反而会令对方失望，而责备自己没有能力也是于事无补。因此，我们要记住，我们是以团队进行活动，每个人诚实地去做自己力所能及的事情，才是正确的态度。

②不说假话。为了让对方高兴和放心，有时候人常会说出一些假话。但是，不正确的信息最后反而会让对方感到不安。

③态度亲切。如果遇到自己无法回答的问题时，不要粗暴地说一句"我不知道"来打发对方，这样很可能会伤害对方的感情。

在工作中，我们要在理解、体谅对方心情的前提下来考虑对方的需求。这在倾听对方诉说的时候也是一样。当对方想要我们倾听他们诉说的时候，在情况允许的范围内，以耐心亲切的态度对待是非常重要的。如果无法满足对方有求的话，就要诚实地告诉对方自己不知道、做不到。要记住，在受灾者身边活动本身就是一种心灵上的支援，不要勉强自己去做自己做不到的事情。

2. 采取得体的倾听方式

倾听是减轻受灾者痛苦的重要手段，但是说不说应有受灾者自己决定。对于我们来说，重要的是随时做好倾听的准备。以下几个咨询技巧可供大家参考：

①单纯性的接受。配合对方的谈话内容点头、赞同，做出适当的回应，让对方感到你在认真地倾听。

②重复对方的话。通过重复对方的话，让对方感到自己想要表达的内容

得到正确的传达。比如，对方说："我眼看着旁边的楼房倒塌了。"你可以重复："这样啊。你眼看着旁边的楼房倒塌了。"这样，对方就很容易继续接着讲述下去。

③提问。提问对于了解对方，获取信息，促进交流都有很重要的意义。在倾听的过程中，不明白的地方要向对方问明白，只是要主意提问的时机和方式。一是当对方正在叙述的时候不要急于提问，打岔是不尊重对方的表现；二是尽量应以客观的、不带偏见的、不具任何限制的、不加暗示、不表明任何立场的陈述性语言提问。

④支持。要适时表达赞同对方的话。比如，向对方说："你做得对，谁都会这样的啊！""大家很容易理解你的心情。"等等。

3. 避免说出伤害受灾者感情的话

容易引起对方反感、容易伤害对方感情的语言有以下几种。虽然这些话的原意都是想要鼓励对方，但是却无法正确传达自己的想法。

①"加油啊！"由于这是鼓励他人时常用的套话，很多人有意无意地都会用到，但是，对于那些已经很努力的人而言，"加油啊！"就显得残酷了。

②"如果你总是哭个不停的话，死去的人会很难过的。"悲伤的时候就要让对方沉浸在悲伤中哭个痛快，说以上这句话不但是强行阻止对方发泄，同时更没有接受对方对于过世亲人的思念。

③"如果是我的话，一定受不了这样的现实。是我的话，一定活不下去了。"这句话会将负疚感强加于那些身边的人没能获救、单单自己活了下来的幸存者。即使你的原意是称赞对方坚强，但是，听者往往会感到你是在指责他。

十二、关于地震预警的基本常识

地震预警是指在地震发生以后，抢在地震波传播到设防地区前，向可能受到影响的地区提前几秒至数十秒发出警报，以减小当地的损失。

从字面上理解，地震预警绝对不是地震预报，二者具有本质的区别。地震预报是对尚未发生，但预测可能发生的地震事件发布通告，而地震预警则是灾害性地震已经发生，对即将可能蔓延的地震灾害抢先发出警告并紧急采取应急行动，防止造成大的损失。要实现地震预警，需要建立一套专门的技术系统。

我们知道，地震纵波（P波）传播的速度快于横波（S波）和面波的速度，而电磁波的传播速度（30万公里／秒）远大于地震波速度（不到10公里／秒）。地震预警技术就是利用P波和S波的速度差、电磁波和地震波的速度差，在地震发生后，当破坏性地震波尚未来袭的数秒至数十秒之前发出预警预告，从而采取相应措施，避免重大人员伤亡和经济损失。比如，关闭或调整核电站、煤气管道、通信网络等生命线管网，通知正在驶向震害区域的火车停车，取消飞机着陆，封闭高速公路，关闭工厂生产线，医院暂停手术，人员撤离到安全地带，等等。把地震预警技术运用到实际之中则形成地震预警系统。

因为地震预报一直是未解决的世界难题，能够提供几秒或几十秒逃生时间的地震预警便被地震多发的国家关注。

按照4.5公里每秒的平均速度计算，假设2008年四川建立起了地震预警台网，那么，2008年汶川地震发生瞬间（由于电波传播速度为每秒30万公里，警报在地面传递所需时间几乎忽略不计），如果汶川立即鸣响500公里范围内的警报系统，那么：

距离汶川93公里的都江堰（3069人遇难），可以提前20秒获得预警。

距离汶川130公里的北川（8605人遇难），可以提前29秒获得预警。

距离汶川166公里的绵竹（11098人遇难），可以提前37秒获得预警。

距离汶川200公里的青川（4695人遇难），可以提前44秒获得预警。

日本地震预警普及委员会统计的数据显示，提前5秒的预警，能够减少损失10%～15%，提前10~20秒，损失减少更为可观。

根据震中与预警目标区（城市或重大工程场地）的距离远近，地震预警又可分为异地震前预警和本地 P 波预警两类。异地震前预警是指地震发生在距预警目标区 60 公里以外的区域，布设在震中附近的监测装置（强震仪）在地震发生后，向预警目标区发出电磁信号，由于电磁波比地震波传播要快得多，因此可以抢在地震波到达之前发出地震警报。本地 P 波预警是指地震发生在距预警目标区 20 ~ 60 公里的区域，在预警目标区建立监测网，利用 P 波传播比 S 波快的原理，由 P 波的初期振动来估计震级、震中、方位角等地震参数，发出预警。

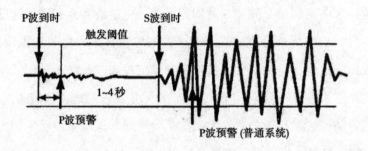

本地 P 波预警原理

需要注意的是，对于发生在距预警目标区 20 公里以内地区的直下型地震，除了可以安装由 P 波触发的自动控制装置外，已没有时间对人员发出预警。在震中距 20 公里以内的地区，被认为是地震预警的盲区。

地震预警系统的基本硬件组成如下图所示：

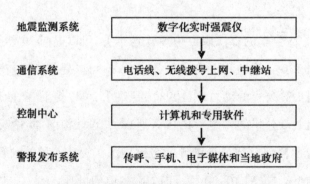

地震预警系统基本硬件组成图

美国、日本、墨西哥是最早应用地震速报与预警的国家。日本是目前世界上地震预警工作取得减灾实效最多、应用最广泛的国家。在 20 世纪 50 年代后期，日本国家铁路就沿铁路干线布设了简单的报警地震计，当地震动的加速度超过给定阈值时发出警报，指令列车制动。

近年来，包括中国在内的越来越多的国家开始尝试应用这项技术，而且，地震预警系统已被应用到不同的领域。

由于中国是世界上遭受地震灾害最严重的国家，所以中央政府对防震减灾事业极为关注。在《国家地震应急预案（国办函〔2005〕36 号）》中对地震预警支持系统和地震预警级别及发布做出了规定。目前，中国除继续重视对地震预测预报的研究之外，在一些地区和某些部门已经建立了地震预警系统。

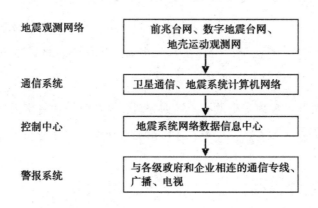

地震分级预警系统的支持系统组成

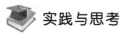 实践与思考

➥ **问题与思考**

（1）编制地震应急预案必须考虑哪些问题？规划和建设应急避难场所时应注意什么？

（2）社区和家庭怎样才能做好地震应急准备工作？

（3）怎样才能做好地震灾情速报工作？假如附近发生了破坏性地震，你觉得必须尽快开展的工作有哪些？

阅读建议

（1）如果有条件，建议阅读《社区志愿者地震应急与救援工作指南》（中国标准出版社，2009年7月出版）、《地震灾害应急知识读本》（科学普及出版社，2010年11月出版）、《地震应急》（地震出版社，2004年6月出版）等书籍。

（2）建议经常登陆中国政府网——应急管理（http：//www.gov.cn/yjgl/yjzs.htm）和本地的政府应急网（如北京应急网http：//www.bjyj.gov.cn/ggaq/），了解应急的相关信息和知识，为做好基层地震应急工作奠定良好的基础。

实践和探索

（1）参观附近的应急避难场所，你觉得建设应急避难场还有哪些需要强化和完善的地方？利用防灾减灾宣传日或科技周，在街道、社区组织应急避险疏散演练，不断总结经验，增强应急预案的可操作性，提高组织应急疏散的实战技能。

（2）为预防地震的发生做一个详细方案，重点讨论如何增强防范意识，消除生活环境中的安全隐患，探索在地震前如何切实做好有效的准备工作。

第五章

"三网一员"应掌握的地震科普宣传技能

依法参加防震减灾活动是每个公民应尽的义务。群众了解地震知识后，就懂得抗震设防的重要性和必要性；震时就会采取正确的避震措施；震后就会自觉开展自救互救行动。同时，当人们对地震基本知识和当今地震预报水平，以及我国现行国家对地震预报实行统一发布制度有所了解后，地震谣言就不会流传、蔓延。向普通居民进行抗震防灾宣传，将抗震防灾工作建立在更广泛、更有效的基础上，是减轻地震灾害，保障震前、震时和震后生活正常、生产顺利、社会安定，使抗震防灾能力得到逐步提高的重要手段，也是基层防震减灾工作者的一项重要任务。

一、做好地震知识宣传工作具有非常重要的意义

地震和地震预报具有强烈的社会性，社会各阶层、不同岗位的人员都想通过各种途径得到地震消息，每个社会成员都自觉或不自觉地对地震和地震预报采取着某种行动。正确的社会行动（包括个人行动）从哪里来？主要靠地震知识宣传和有力的组织。因此，地震知识宣传是基层地震工作的经常性任务之一。

地震这种现象在社会舆论中常常是神秘而模糊的。当前对地震、地震预

报有三种反映：第一，在科学技术还不能准确预报地震的情况下，政府和人民群众要求很高，地震预报的艰巨性、复杂性很难为社会公众充分理解。因此，预报成功则对地震工作人员奉若神明；一旦失败则出现责难、抱怨乃至过激的言行。第二，相当多的人将科技人员的震后总结分析当成震前的预报，或者将内部讨论的尚有争议的见解，流传到社会上去，造成误传。一般社会公众，平时很难通过正常途径得到地震消息，因而很容易听信那些不负责任的"预言家"的意见。这些都十分容易引起社会混乱。第三，目前有关地震的书刊，大多专业性很强，充斥着只有同行专家才能弄懂的语言，群众很难理解。上述种种现象，说明地震知识宣传的迫切性和重要性。我国地震工作的经验表明，搞好地震知识宣传，可以发挥以下作用：

1. 增强地震监测能力

掌握了地震知识的民众，可以通过感官直接感知某些宏观前兆现象，并将其及时报告给有关地震部门，加以汇总，连同其他前兆资料进行综合分析，就有可能为临震预报的决断提供有价值的依据。

2. 增强人们抗御地震的能力

群众懂得地震知识后，可以增强抗御地震的自觉性。在大规模的建设中，因地制宜地采取合理的抗震措施，提高建筑物的抗震性能；对精密、贵重的仪器设备、智能记忆系统、自动控制系统和易燃、易爆、剧毒、放射性物质等，采取特殊防震或分散转移措施，防范震时次生灾害；在震时保持镇静，采取正确的避震措施，减少不必要的伤亡；震后，群众自觉地采取自救互救行动，正确使用营救知识，极大地减少人员的伤亡。

3. 增强震区的组织能力和互救能力

不言而喻，震区救灾有组织与无组织大不一样，熟悉而有准备与不熟悉而无准备大不一样。地震知识宣传，可以使各级领导既懂得地震灾害的严重性，又掌握一定的地震对策知识，可以在震前从思想上、组织上和物质上都有所准备，震后能迅速地实施各项救灾对策，减免地震所造成的损失。

4.增强对地震谣言的识别能力

由于目前人类对地震预报仍处于探索阶段，尚未完全掌握地震孕育发展的规律，我们的预报主要是根据多年积累的观测资料和震例，进行经验性预报。因此，不可避免地带有很大的局限性。

因为目前科学技术发展水平尚不能完全准确预报所有破坏性地震，所以，要想使每个社会成员都能自觉地对地震预报有一个正确的认识，就必须进行地震科普知识的宣传工作，以提高大家抗御地震灾害的能力和自觉性。同时由于有了地震知识，可使广大群众增强对地震谣言、误传的识别和抵制能力，大大减少无震损失。

地震谣言之所以容易在社会上流传、蔓延，在很大程度上是因为群众缺少地震知识。当人们对地震的基本知识和当今地震预报的水平有所了解，很多谣言就没有了市场。

5.加强地震科普宣传是坚持以人为本、建设和谐社会的需要

随着改革开放的深入，城乡人民生活水平不断提高，人民对生命和财产安全的要求更为迫切。而地震作为一个最为严重的自然灾害随时威胁着人民的生命和财产安全，严重影响着社会的和谐和稳定。人们对综合防御、防震减灾的期望更加迫切，这就要求我们必须加强地震科普知识的宣传工作，提高全民族的防震减灾能力。

为了做好地震科普知识宣传工作，就要针对不同的群体对象进行有针对性的地震科普宣传，加深广大群众对地震知识的了解，提高他们应对地震灾害的能力。总之，做好地震知识宣传工作是地震工作中一项带有战略性的、经常性的任务。

二、防震减灾宣传工作的主要内容

防震减灾宣传工作要贯彻"预防为主，平震结合，常备不懈"和"自力更生，艰苦奋斗，发展生产，重建家园"的防震救灾工作方针，坚持"因地

制宜，因时制宜，经常持久，科学求实"的原则，积极、慎重、科学、有效地开展防震减灾工作。

按照防震减灾宣传工作职责和宣传对象不同，我国防震减灾宣传一般可分为防震减灾工作宣传和防震减灾科普知识宣传教育两大方面。两者宣传对象、内容、目的各有侧重。

防震减灾工作宣传主要由各级政府地震工作主管部门组织实施（"三网一员"人员在基层发挥不可替代的重要作用），通过向各级政府领导及社会公众宣传党和国家防震减灾方针政策和法规制度，宣传地震监测预报、震灾预防、地震应急与救援等工作进展和水平，让各级政府及政府部门、社会各界理解、重视、支持和参与防震减灾工作，进而推进防震减灾事业的发展。

防震减灾科普知识宣传教育主要由各级地震部门和"三网一员"人员组织，全社会共同参与完成，主要通过普及宣传地震科学及其防、抗、救知识，增强社会公众的防震减灾意识，进而提高全体民众的防震减灾科学水平和防震减灾能力。

防震减灾宣传的内容主要有以下几个方面：

1. 地震基础知识的宣传

主要宣传地震的基本常识，地震产生的原因、地震震级与烈度，地震时人的感觉与灾害，如何区别近震、远震、强震、有感地震、地震的空间、时间分布特征等。使群众知道地震是一种自然现象，认识和抗御地震灾害，要靠科学，而不能靠迷信，地震科学是复杂的，但是是可知的。

2. 地震前兆及地震预报知识的宣传

主要宣传地震孕育—发生过程中伴生的各种地球物理和地球化学等前兆现象，这种前兆现象是可以观测、可以认识的，但也是十分复杂的，有干扰的；应用各种前兆研究可以探索地震预报，但目前尚未完全过关；地震预报意见—地震预报发布过程、发布权限等知识。使群众知道地震是有前兆的，是可以预测和预防的，但需要深入的研究。地震的一些宏观前兆人们可以直接感知，能够识别真假异常、发现异常情况及时报告给有关部门；爱护观测台站的仪器、设备和测量标志，配合与协助地震部门的工作。

3.地震工程知识的宣传

主要宣传地震对地基基础的破坏，建筑物结构的破坏以及各种抗震知识和工程建设场地地震安全性评价工作。如场地地基的选择，基础抗震处理，房屋抗震结构，建筑材料的选择，施工技术等，特别要注意对因地制宜，就地取材的抗震结构设计的宣传。

4.防震减灾对策知识的宣传

将我国近年来发生的大震及有影响的地震前后所采取的措施总结起来，使群众、不同岗位上的人员及各级领导干部能掌握震前的预防和准备，震时应急防震和避震、震后的抢险和救灾，生活管理、社会治安、恢复生产、重建家园等行之有效的措施。使人们知道在强灾面前不是束手无策，而是可以动员社会力量和群众的智慧，应用现代化科学技术进行各种对策，使震灾得以避免和减轻。

按照我国防震减灾工作实践和现阶段防震减灾科普知识宣传特点，习惯上把防震减灾科普宣传分为平时、临震和震后三个宣传阶段。三个阶段的宣传内容、任务和方法既各有侧重，相对独立，又互相紧密联系，构成整个防震减灾科普宣传的有机整体，它们是"三网一员"的主要工作内容。

在地震群测群防工作中主要应以防震减灾科普知识宣传教育为主，防震减灾工作宣传为辅。

三、如何做好平时防震减灾科普知识宣传工作

平时防震减灾科普知识宣传是面向全社会公众的普及性宣传教育。在平时，防震减灾助理员的主要任务是，通过对本单位及周围人群进行深入持久的地震科学知识和防震减灾知识宣传教育，增强人们的防震减灾意识和对地震综合防御必要性的认识，克服侥幸麻痹思想和恐震心理，提高民众的防震

减灾能力和识别、平息地震谣传的能力。

1. 主要内容和任务

平时防震减灾科普知识宣传的主要内容包括：当前及今后一个时期我国地震活动的基本形势；本地区地震环境和地震活动特点；地震及其主要次生灾害的防治措施；地震科学基本知识；地震监测预报、震灾预防和紧急避险的有关知识、方法和技能；工程地震和建设工程抗震设防知识与措施；国家有关防震减灾的方针政策和法律法规；我国地震科学水平和防震减灾工作成就与现状。

根据我国各地多年防震减灾科普知识宣传实践，防震减灾助理员在平时的防震减灾科普知识宣传中，应以常规宣传为主，根据地震形势和防震减灾工作需要，必要时在有条件的地区，在宣传和地震部门的精心组织下，辅之于实施强化宣传。

防震减灾强化宣传是在常规宣传的基础上，适当加大力度和频率的宣传。通过大容量、集中性的宣传，向宣传区内的群众讲明地震形势、发震背景、政府的综合防御和应急措施、各种防震避震和自救互救知识，使防震减灾知识真正家喻户晓，在短期内取得比较大的效果。

防震减灾强化宣传要根据当地社会的不同分工、不同岗位、不同行业、不同层次，确定不同的宣传内容、形式和力度。

防震减灾强化宣传要随时注意掌握社会舆论动向，预防和及时平息地震谣言，确保社会的稳定和生产、生活正常秩序。

2. 主要宣传形式

防震减灾助理员平时的防震减灾科普知识常规宣传建议采取以下形式和方法：

①利用各种纪念日、纪念周和庙会、节日等民间活动进行地震科普知识宣传；

②通过在机关、单位、企业、社会团体和学校举办防震减灾科学讲座进

行科普知识宣传；

③通过编写发放地震科普图书、挂图和散发地震科普传单等进行科普知识宣传；

④通过在城市社区、繁华街道、车站码头、公园等公共场所设立宣传橱窗、画廊、墙报、黑板报等进行科普知识宣传；

⑤利用报纸、广播、电视等新闻媒介、地震科普影视作品、工艺品、展览会、小商品、文化用品等进行地震科普知识宣传；

⑥通过中小学普通教育和课外兴趣活动开展地震科普知识教育；

⑦通过举办各种形式的防震减灾知识竞赛和中小学生地震科学夏令营、冬令营进行地震科普知识宣传；

⑧利用互联网建立防震减灾宣传网站、网页进行地震科普知识宣传；

⑨利用文学作品、表演艺术等形式进行地震科普宣传。

3. 平时防震减灾科普宣传应注意的问题

防震减灾及其科普知识宣传是一项社会性、科学性极强的特殊宣传教育工作。如果宣传的时机、内容、进程和计划不周，或把握不当，会引起群众的猜疑和误解，轻则导致人心恐慌，严重时会影响社会稳定。因此，各级地震部门和防震减灾助理员在平时的防震减灾科普知识宣传中，应注意以下几个问题：

①平时常规防震减灾科普知识宣传要作为地震群测群防工作的一项长期任务，制订计划、周密安排、长期坚持不懈地抓好，宣传面要大，同时把握适度、适时，坚持细水长流；

②平时防震减灾科普知识宣传一定要注意联系当地社会、经济、文化和防震减灾工作的实际环境；

③在平时常规防震减灾科普知识宣传中，要注意划分不同层次的宣传对象，选择安排不同的宣传形式和宣传材料；

④为保证平时常规防震减灾科普知识宣传任务落到实处，收到好的宣传

效果，乡、村防震减灾助理员要积极参加市县地震局组织的业务培训，不断提高自己的政策水平和防震减灾科普知识宣传水平；

⑤防震减灾常规宣传的深化就是强化宣传，要根据地震形势和地震重点监视防御的实际需要，在地震重点监视防御区或有强化宣传需要和条件的地区集中一段时间，有领导、有组织、有计划、有针对性地进行。

四、如何做好临震防震减灾科普知识宣传工作

临震防震减灾科普知识宣传主要是在地震重点危险区或政府发布短临地震预报意见的地区进行的应急和紧急避险为主的应急强化宣传。由于当前地震预报科学水平尚处在经验性探索阶段，地震预报的准确率还比较低，因此，临震防震减灾科普知识宣传具有鲜明的地区性、时效性、政策性、科学性和针对性。

在各级政府及其宣传、地震部门的统一领导下，通过组织各级地震科普宣传网（站），开展科学周密的临震防震减灾科普知识宣传，可以进一步落实政府的地震应急预案和各种应急工作措施，落实地震灾情速报网和地震宏观异常测报网，强化临震宏观异常现象的观察、识别和上报知识，提高地震短临监测预报能力；检查各类房屋建筑和生命线工程的薄弱环节，落实建（构）筑物抗震设防措施，提高人民群众抗震设防意识和村镇民房抗震设防能力；普及强化地震应急和避险、自救互救常识，增强社会公众的地震应急避险和自救互救能力；防止地震谣传事件发生，及时引导和控制社会动向，最终实现在预报期地震发生后最大限度地减轻地震灾害损失和人员伤亡的目的。

1. 临震防震减灾科普宣传的内容

根据临震防震减灾科普知识宣传的特点和目的，防震减灾助理员临震防震减灾科普知识宣传的主要内容应包括：各级政府及政府部门地震应急预案，乡、村地震应急对策措施的主要内容与启动程序；地震监测预报的原理和方法，现阶段地震预报科学水平；地震宏观异常现象的观察、识别和临震异常

信息的上报；各类房屋建筑和生命线工程在不同强度地震下的震害特点与抗震防灾措施；城镇建（构）筑物、公共设施和农村民房抗震防灾知识；社会公众地震应急避险与自救互救知识；地震灾情速报知识和速报渠道与程序；地震谣传的识别与预防知识；有关地震预报、地震应急的法律法规知识；破坏性地震应急与抢险救灾的模拟演练。

2. 宣传的途径和形式

地震预报意见发布后，一方面社会公众对地震消息和防震减灾知识的需求特别迫切；另一方面社会对有关地震的信息也特别敏感。因此，临震防震减灾科普知识宣传与平时常规宣传截然不同，地震主管部门和防震减灾助理员掌握临震防震减灾科普宣传的"度"很重要。为保证临震防震减灾科普知识宣传既要达到预定目的，又不致引起社会混乱，临震防震减灾科普知识宣传一定要在政府领导下，由地震主管部门组织各有关地震知识宣传网（站）慎重进行，除了要严格控制宣传地区外，宣传途径也要严格规定。有关地震活动趋势和地震预报的信息，必须经地震主管部门严格审查后才能向社会宣传。其他方面的宣传内容仍可按原有的市、县、乡、村地震知识宣传网（站）渠道进行。

进入临震应急期，防震减灾助理员的工作繁杂而责任重大，而要使广大群众在短期内都掌握防震减灾知识，在较大范围的村镇社区，光靠一个或几个防震减灾助理员是不够的，因此，必须采用快捷、简便，分层次的专业培训方式，通过地震部门→防震减灾助理员→宣传骨干→群众这一渠道和形式，让防震减灾知识迅速为广大公众掌握。

根据临震防震减灾科普知识宣传的内容和特点，临震防震减灾科普知识宣传的主要形式有：

①通过政府主渠道，如党报、党刊、政府网站、广播电视等，向社会宣传有关地震预报原理、方法和当前地震预报水平；

②通过政府主渠道，结合地震应急工作督促检查，做好对各级领导的应

急预案制定实施、应急工作对策措施的宣传；

③利用地震部门震情简报、工作通报等窗口工具，进行临震防震减灾科普知识宣传；

④通过在政府部门、企事业单位、社会团体、各类学校举办临震应急和防震减灾讲座、报告会，进行临震防震减灾科普知识宣传；

⑤通过组织各种模拟地震应急演练、中小学一分钟紧急避险、防震减灾知识竞赛等活动，进行临震应急避险和防震减灾科普知识宣传；

⑥利用前述其他平时常规宣传渠道和形式进行临震防震减灾科普知识宣传。

3. 临震防震减灾科普知识宣传应注意的问题

临震防震减灾科普知识宣传是一项科学性、政策性很强的宣传工作，各级地震主管部门及防震减灾助理员在确定和组织临震防震减灾科普知识宣传时必须十分慎重。具体实施中应注意把握和做好以下几方面工作：

①临震防震减灾科普知识宣传活动必须是政府领导、宣传部门和地震部门负责实施、防震减灾助理员参加的政府行为，组织开展临震防震减灾科普知识宣传，必须有科学的依据、周密的计划、稳妥的预案和应对突发事件的紧急处置措施；

②临震防震减灾科普知识宣传实际上是一种发布了地震短临预报后在预报区的应急、强化宣传。因此，临震防震减灾科普知识宣传，必须依据省级以上地震部门震情会商和预报意见确定宣传区域和宣传时机，所有涉及震情信息的宣传内容，必须由地震部门严格把关，避免因内部地震预测意见泄漏而造成社会公众恐慌；

③临震防震减灾科普知识宣传的针对性很强。因此，一旦决定实施，必须准备充足的、针对性强的宣传材料，动员和组织区域内所有宣传工具，在对防震减灾助理员进行政策、口径、方式方法培训的基础上，开展集中性、大容量、大覆盖面的宣传，力争宣传内容家喻户晓；

④各级宣传、地震部门和宣传网（站）在组织临震防震减灾科普知识宣传时，应注意区分对象，正确把握"科学慎重，内紧外松"的宣传原则，保持清醒头脑，避免因宣传不当而造成不必要的负面影响；

⑤在有条件的地方，组织不同范围的地震模拟演练，是强化临震防震减灾科普知识宣传措施、提高宣传效果的一种好方法；

⑥组织临震防震减灾科普知识宣传，要注意把增强公众防震减灾意识与识别临震宏观异常现象、选择正确的应急避险途径和方法紧密结合起来。通过群众对身边临震宏观异常现象的观察识别，一方面及时上报地震部门，有利于地震部门及时做出临震预报；另一方面有利于增加群众震时紧急避震的时间和选择正确的疏散路线；

⑦在实施临震防震减灾科普知识宣传的地区，一旦经地震部门分析确定解除地震预报意见，必须由政府组织，及时调整或停止临震宣传活动。

五、如何做好震后防震减灾科普知识宣传工作

震后防震减灾科普知识宣传，实际上是从地震一发生就开始的震时应急宣传和震后自救互救、抗震救灾、重建家园等宣传的统一体。

1.震后防震减灾科普宣传的作用

一般来说，平时的防震减灾科普知识常规宣传与强化宣传具有潜在的社会效益；而震时和震后的防震减灾知识宣传，可以产生直接的社会效益和经济效益。

①及时安定民心，迅速恢复震区正常的生产、生活秩序。1974年江苏溧阳发生5.5级地震后，震区人心慌乱，生产停顿，大批群众外逃他乡。当地政府部门设站阻止，仍控制不住人员外流，全县3天时间提取存款16万元。当地群众事后称之为"五多"，即谣言多、外逃的多、停产的多、杀猪宰羊的多、提取存款的多。同样是该地区，时隔5年后又发生一次6.0级地震，由于震前和震时采取了各种行之有效的宣传措施，震后人心安定，没有一人外逃。

②最大限度地减少人员伤亡和财产损失。1999年辽宁岫岩发生5.4级地震，当地政府采取紧急措施，精心组织策划，在地震前后有针对性地开展应急防震措施、紧急避震、自救互救和防止次生灾害的知识宣传，震区厂矿企业采取科学应急对策，及时撤离震中区井下作业工人，尽管震时共发生151处矿井塌方，但全区3000多名矿工无一伤亡。同时，由于震区群众通过宣传掌握了防止地震次生灾害的知识，在震后余震不断、长达两个月气温降至零下30多度的严寒天气下，震区无次生灾害发生。震后据有关部门统计，减少直接经济损失2亿多元，减少间接经济损失5亿多元。

③提高群防群救的能力。充分发动群众，依靠群众，实行医疗卫生人员与广大群众相结合，是完成卫生保障任务的基础。发动群众的一个重要方法，是对预报地区的人民群众进行有针对性的抗震卫生普及教育，宣传地震的基本知识、地震的危害性和可防性、应急防护措施和自救互救方法等。宣传教育越深入、越广泛，群众的思想准备就越充分，群防群救的能力也就越高。

④进一步增强对强余震的监测预报能力，提高震后趋势判定工作水平。一次大的破坏性地震发生后，在其能量的释放过程中往往会陆续发生一些强余震。对强余震若不能及时预测判定和采取防御措施，就可能会造成"雪上加霜"的结局，给民众的生命财产带来进一步的损失。而通过震后防震减灾知识宣传，使社会公众掌握科学的地震宏观前兆异常知识，既可以起到自我保护和警惕作用，同时也可为地震部门强余震监测预报和震后快速趋势判定提供有力的科学依据。

⑤预防和及时平息地震谣言的发生和蔓延。经过地震劫后余生的灾民往往处于悲痛惊慌之中，心理状态极不稳定，一旦受到地震谣言的干扰，很容易造成社会混乱，从而加重伤亡和经济损失，因此，此时的防震减灾知识就如同"雪中送炭"，对稳定灾民情绪和社会秩序显得尤为重要。

2.震后防震减灾科普宣传的重点内容

地震发生后，社会公众对地震消息的需求特别迫切，因此防震减灾知识宣传行动越快、宣传覆盖面越大、宣传内容越贴近群众切身需求，就越能起到预期的宣传效果和作用。震后防震减灾助理员防震减灾知识宣传的主要内容应包括：有关地震震级、地点情况和震后趋势判定的公告；党和政府抗震救灾的意图和对策措施；地震自救互救、伤病员抢救搬运以及卫生防疫的知识和方法；选择合适避难场所，防止地震次生灾害的知识；科学鉴定房屋破坏情况的知识；震后恢复重建时场地选择及抗震设防要求方面的知识；有关识别和预防地震谣传的知识。

3. 震后宣传的组织形式和途径

地震发生后防震减灾助理员的防震减灾知识宣传，应在当地抗震救灾指挥部的统一领导下进行。其主要宣传形式和途径包括：

①利用新闻媒体传播速度快、覆盖面广的优势，通过乡镇、社区广播站等新闻媒体宣传，增强震区群众抗震救灾的信心，尽快安定民心、稳定社会，保证抗震救灾工作的顺利进行。

②利用各种形式，加强对各级领导和村镇干部的宣传。地震发生后，震区所在地方政府领导往往承受很大的社会压力，因此各级地震部门和宣传网（站）要利用会议、工作汇报等多种形式，及时向政府领导报告地震基本参数、震灾损失概况、地震监测预报、震后趋势判定等情况，支持配合领导做好抗震救灾、稳定社会的工作。

③适度增加地震部门震情趋势会商结果的透明度。按照"内外有别，内紧外松"原则，适当向震区干部群众讲明震情发展趋势，消除群众的神秘感和各种猜疑。当然，有关震情趋势的传达宣传，必须通过正当渠道进行。

④在震后防震减灾科普知识宣传中，应充分利用各级地震宣传网（站）的窗口效应，通过"防震减灾知识咨询热线"等直接回答群众来访询问。在地震现场和震区群众聚集场所，还可通过地震部门现场考察工作队专家的权威宣传或设立流动防震减灾知识宣传活动板报等，宣传、回答群众最关心的问题和常识。

4. 震后宣传应注意的问题

首先，震后防震减灾知识宣传要严格遵循"自力更生、艰苦奋斗、发展生产、重建家园"的抗震救灾工作方针，通过开展科学有效的宣传教育，鼓舞和激励人们振奋精神、恢复生产、重建家园。

其次，震后防震减灾知识宣传要紧密围绕抗震救灾大局进行，包括通过新闻媒体的宣传在内，必须把握正确的宣传导向，采用简洁有效的宣传方法，选择科学实用的宣传内容。

最后，开展震后防震减灾科普知识宣传，要根据抗震救灾工作的进展，注意及时调整宣传内容。例如，在抗震救灾工作后期，要着重组织加大对重建工程建设选址、设计中的地震安全性评价和抗震设防知识的宣传，避免因重建工程选址或抗震设防不合理而造成新的破坏损失。

六、一定不可轻视地震谣传的危害

地震谣传是指没有科学依据的所谓将要发生地震的传言。在目前尚不能准确预测地震的情况下，公众对地震灾害事件高度关注，因此容易产生地震谣传。日常生活中，经常能听到各种各样的"地震预测预报消息"，有些人怀着宁可信其有的心态参与着这些消息的传播。

因此，凡受这些事件影响的城乡地区，都会不同程度地干扰破坏正常的社会经济活动及生活秩序，发生停工停产，人员外流，运输紧张，社会犯罪活动增加，或引起其他次生灾害和人员伤亡、财产损失等情况。

地震谣传是一种社会事件，其产生的原因复杂多样，从表面上讲，由某种诱发因素直接引起；从深层上讲，谣传的产生有着深刻的社会、文化、心理背景。

首先是恐震心理。地震是群害之首，它造成房倒屋塌，人员伤亡，损失巨大，尤其唐山大地震顷刻间使整个城市毁于一旦，几十万人伤亡，经济损失达上百亿，影响很大，人们至今还谈震色变，人们对地震的心理承受能力比较脆弱，因此人们关心地震，害怕地震，喜欢打听地震消息，稍有风声，先闻为快，广为传播，这是地震谣传产生和很快传播的重要原因。

其次是感染作用。感染是人们互相影响的一种方式，具有对某种心理状态的无意识、无条件屈从，使人自然地产生与环境一致的情绪和行为，迎合一些人。这是使地震谣传迅速传播的重要途径之一。

再有是猎奇心理。外地出现地震谣传或采取防震措施，影响周围地区，由于人们的猎奇心理使地震谣传迅速蔓延到其他地区。

一般来说，居住条件好，房屋建筑质量高，环境空旷，便于撤离和躲避的，人们恐震心理较轻，地震谣言不易发生和传播。相反，人口密度大，建筑物比较拥挤的大中城市容易发生地震谣言。

发生地震谣传的原因比较复杂，但多数是由于人们对地震灾害的恐惧，在过度关注"地震消息"的过程中，谣传被不断放大和传播。地震谣传通过互联网、手机等现代通讯手段传播，其范围、影响程度和对社会产生的后果可能非常严重。国内外都有严重扰乱正常生活、生产秩序，引起社会混乱的例子。

1972年2月，两个侨居在美国的墨西哥人致电墨西哥政府，预报"墨西哥皮诺特巴纳尔市4月23日将发生地震，并引起特大水灾"，结果，这一"预报"导致当地严重的社会混乱。皮诺特巴纳尔市市长说，这次"预报"造成的经济损失，比1968年8月发生的7.5级地震还要严重。可见，地震谣传会使人们在心理上造成一定程度的恐惧感，同时造成不良的社会影响和经济损失。

在我国，地震谣传事件也屡见不鲜。从我国以往出现的一些谣传事件看出，在群众中造成严重的恐震心理，有的导致工厂不能正常生产、学校不能正常上课、商店不能正常营业、人员盲目地外逃、抢购生活用品，甚至由于采取不恰当的防震行为摔伤摔死。如1987年2月，从香港和澳门传播福建泉州的一股地震谣传，说泉州要发生8.1级地震，顿时，泉州华侨大学有700

多名学生逃离学校，泉州市人心浮动，市民人心涣散，白糖、饼干等食品抢购一空。事后据有关部门统计：受地震谣传影响较大的 5 个沿海地市工业产值都出现了下降。

1996 年 3 月，辽宁省部分地区出现地震谣传，导致 3 月 5 日深夜至次日凌晨 3 时，锦州市区约有 8 ～ 9 万人、葫芦岛市区有近 9 万人上街避震，事件发展至 5 月上旬，锦州市还出现了抢购帐篷、食品等现象；2010 年 2 月 20 日下午至 21 日凌晨，山西省晋中、太原、吕梁、晋城、长治、阳泉等地出现地震谣传，造成民众恐慌、露宿街头，并引发多人跳楼受伤和死亡。近几年，福建、安徽、河北等地都发生过比较严重的地震谣传事件，给当地的生产、生活秩序和社会稳定造成不小的影响。

因此，作为"三网一员"人员，一定要重视地震谣传的危害，一旦发现地震谣传，务必要协助有关部门采取积极果断的措施，尽量把谣传所造成的影响和危害降低到最低程度。

七、常见的地震谣传类型和产生的原因

常见的地震谣传通常有三类：地震谣言、地震谣传和地震误传。

地震谣言是谣言制造者为了某种私欲的需要而故意捏造、散布而相互传播的假地震消息。例如，唐山地震后，天津市就曾发生过有人利用电话冒充上级传达有地震的消息和满街高喊"要地震了"的谣言事件。

地震谣传是在群众中广泛传播的无确切来源和事实根据的地震消息。例如，1986 年上海市部分群众感到台湾地震的波及后，又看到上海成立了抗震救灾指挥部，由此推测有震情，这些莫名其妙的推测迅速传播，遍及整个上海，形成了使社会动荡的地震谣传事件。

地震误传是在社会上广为传播的有一定原因和事实根据的、但被夸大变形了的地震消息。例如，1983 年甘肃地震误传事件，起因是在进行野外测量的地震测量队伍因失盗向当地公安部门报案时，顺便透露了一位专家的个人

预报意见，导致防震棚在三个县"普遍开花"。

以上三类地震谣传既互相联系又有区别，共同点都是在社会上传播，造成社会混乱甚至带来经济损失。为简便和统一起见，我们将上述三类地震谣传统一称为地震谣传。

在群众中利用交谈、书信、电话、手机短信，以及网络等进行扩散，是地震谣传的主要传播途径。产生地震谣传的原因可能是多种多样的。主要包括如下几种：

1. 防震减灾工作被误解引起的地震谣传

这类谣传是指由于正常的地震监测、地震预防、地震应急准备工作以及防震减灾知识宣传等被群众误解为即将发生地震而引起的谣传。如政府和单位制定破坏性地震应急预案，被误解为即将发生破坏性地震而引起地震谣传。在生活中，这类谣传所占的比例较大。比如，据有关部门统计，1995 年 12月至 1999 年 1 月，全国共发生影响较大的地震谣传事件 31 起，此类谣传占地震谣传总数的 32.6%。

2. 个人地震预测意见泄漏引起的地震谣传

个人的预测意见没有按照规定向负责管理地震工作的部门书面汇报，或虽有报告但仍擅自向社会散布，就可能引发地震谣传。如 1998 年 2 月北京市发生的地震谣传，起因于北京某高校教师的业余预测意见向社会散布所致。

3. 地震预报意见、地震预报意见评审结果被泄漏

地震震情会商会形成的预报意见或会商会形成的地震预报意见的评审结果被擅自向社会散布，就很容易引发地震谣传。例如，1995 年 12 月中下旬在云南玉溪产生的地震谣传，就是召开会商会后引起的。

4. 虚报引起的谣言或误传

虚报是由于依据某些并不确切的所谓地震前兆现象而冒然发布地震预报所造成的结果。在尚未判定其真伪之前，往往会产生地震谣传，它比纯属无中生有的地震谣传，具有更大的欺骗性，使人们更易于相信地震即将到来，

从而所产生的社会经济影响后果也往往是更为严重的。较典型的事例如 1981 年初在广东省海丰县梅陇地区震群活动期间，由于不适当地发布了"中强或更强地震"的预报（实际是虚报），致使社会谣言四起，人们心理反应异常强烈，渔民外流香港，工农业生产一度陷入停顿，从而在该县全境及香港地区造成了一定的社会、经济、政治和外交等多方面的影响。

5. 对自然现象误解引起的地震谣传

这是指由于群众缺乏系统、全面的科学知识，误把洪水、干旱、余震、地面沉陷或隆起、地裂缝、动物异常等自然现象作为破坏性地震的前兆而引起的地震谣传。这些自然现象虽然可能与地震有关，但没有必然联系，仅仅靠少数现象来判断地震发生与否是极不准确的。这类地震谣传比例也较大，占地震谣传总数的 19.4%。

6. 异地或海外传闻引起的地震谣传

由于异地传闻的地震预测、预报意见或海外传闻的地震预测、预报意见传播至当地，也很容易引起地震谣传。如 2000 年 9 月 26 日在福建沿海地区发生的地震谣传就是香港老板通过电话令其在莆田的工厂停工，让职工外出避震而引起的地震谣传。

7. 封建迷信或无中生有制造的地震谣传

有些人会故意利用封建迷信制造地震谣传，或者为了某种目的故意制造地震谣传。如 1976 年 8 月 16 ~ 23 日四川发生三次地震，8 月 24 日，当地的邪教组织"一步登天道"利用人们的恐震心理，散布"要发生 12 级地震，秀水、成都会变成汪洋大海"的谣言，一些群众轻信了他们的鬼话，造成 61 人集体投水，41 人死亡的恶性事件。

八、如何正确识别地震谣传

面对地震谣传，由于对地震知识了解多寡和科学文化水平高低的不同，不同的人表现出的心理状态是不同的，多数人处于相信或半信半疑状态，即使不相信的人，也因人命关天，宁可信其有，不可信其无，使地震谣传像洪水般蔓延成灾，这与地震谣传的一些特点是分不开的。

地震谣传经常会表现为貌似权威的信息。因为具有权威性，才能使人信服。谣言通常假借的权威有三类：一是官方权威：政府文件，领导讲话；二是洋权威：外国的预报意见或境外广播；三是科学权威：地震部门的预报意见或地震专家的预报意见。1988 年 11 月至 1989 年 1 月发生在九江市的地震谣传事件，就是依据省政府文件引用全国地震趋势会商会意见内容失当和所谓"美国之音"广播"九江 1 月 23~28 日可能发生 7 级大地震"的谣传而引起的。

地震谣传还可能会与似是而非的地震异常有关。把某些并非一定属于地震的气象现象、动植物异常、地下水异常等偶然事件，误认为是地震的前兆异常。如 1981 年 8 月陕西汉中地区地震谣传所传的"暴雨、洪水是地震的前兆"，等等。

最容易出现地震谣传的时间是在发生地震以后。国内外其他地区发生破坏性地震后，特别是人员伤亡惨重的特大破坏地震之后，容易引起人们的恐慌，因此引发地震谣传。出现异常自然现象或自然灾害——如气候反常、地下水、动植物异常时，也容易使人们联想到地震征兆。开展正常的防震减灾工作，如召开有关会议、下发有关文件、制定有关法规或预案、工作检查、异常调查、学术交流等活动，如果被误解，容易引起谣传。

判断和识别地震谣传，对于防止和制止地震谣传和平息地震谣传都具有十分重要的意义。为了正确识别地震谣传，最简单的方法就是"一问二想三核实"。

一问——首先问一下消息来自何方。只要不是政府正式发布的地震预报，无论是地震学术权威说的，还是贴有"洋标签"的跨国预报；无论是"有根有据"的地震传闻，还是带有迷信色彩的地震消息，一概不要相信和传播。因为，按照《地震预报管理条例》的规定，一般情况下只有省级政府才有权向社会公开发布地震预报，其他任何单位或个人都不得对外发布地震预报。

二想——凡是将地震发生的时间、地点、震级都说得非常准确的地震预报都是谣传。如时间准确到几日几时，地震准确到哪个乡哪个村等。因为现在的地震预报水平还达不到如此之准确。

三核实——当听到地震要发生的消息，一时心存疑问，难以判断真伪时，可向政府和地震部门核实。"三网一员"人员应及时与上级地震部门取得联系，了解震情情况，及时向群众解释或辟谣。

九、如何积极有效地平息地震谣传

在目前的背景和条件下，地震谣传是难以避免的，但可以通过制定和实施对策来预防和减少谣传的产生和传播，特别是可以减轻谣传的社会经济影响。

因为地震谣传具有巨大的危害性，减少和杜绝地震谣传，及时平息谣传，最大限度地降低其危害程度，是地震工作者的重要职责。因此，一旦发现谣传，我们必须采取积极有效的平息对策。

1. 弄清事实，掌握谣传来源及其传播情况

面对迅速传播的地震谣传，"三网一员"人员的首要任务，是通过调查研究弄清事实，尽快掌握地震谣传出现的时间、地点、内容和来源，搞清基本事实，掌握其性质、传播方式和途径、规模、涉及范围、社会经济影响程度等，以便心中有数，为辟谣提供依据。

在弄清事实的情况下，迅速将地震谣传情况报告当地政府和上级地震部门，同时提出平息地震谣传的方法和建议。

2. 对症下药，及时采取平息措施

地震谣传一经传播，影响范围就广，因此，必须把真相告诉大家，让社会公众普遍了解情况。应根据具体情况，利用报纸、广播、电视等快速有效途径进行辟谣，澄清真相，揭露地震谣传的欺骗性。同时可以采用社会公众对专家、权威的信赖，发挥权威效应，让专家权威出面辟谣，以消除人们的心理障碍，进而达到稳定人心、安定社会的目的。

在现场向群众说明真相时，政策口径要一致、准确，做到有理有节，若稍有模棱两可或含糊其词的话，都会助长谣传的恶性传播，造成不可估量的损失。

3. 谣传出现后，要做好治安保卫和生活服务

地震谣传发生都伴有社会治安问题，在人们恐震心理的强烈冲击下，各种社会骚乱事件、事故，甚至犯罪活动可能频繁发生。为维护社会秩序，在谣传出现后要加强治安保卫工作，防止和打击可能出现的哄抢、盗窃和破坏等犯罪行为。

另外，地震谣传发生后，可能出现抢购生活用品（如食品）的事件，政府要积极组织货源，保障日常供应，以稳定人心。

地震谣传发生后，人们注意力转移，很容易出现火灾等次生灾害。因此，要做好准备工作，杜绝事故隐患，消防等部门应加强警戒，随时准备救灾抢险。

4. 加强地震知识宣传，提高公众的防灾意识

开展地震知识的宣传教育，是加强政府防灾职能，增强公众防灾意识的战略措施。群众对地震的恐惧心理，产生于缺少必要的地震科学知识，因而会听谣传谣。在发生地震谣传时，有针对性地进行地震科普知识、当前地震工作现状和国家地震工作方针的宣传教育，可以增强群众识别各类地震谣传的能力，是平息地震谣传的有力措施。

为了增强社会公众对地震谣传的识别能力和免疫力，除了宣传地震基本知识外，还应加强对地震预报法规的宣传。对于谣传易发地区，要根据实际情况，有针对性地开展预防宣传，既要宣传目前的地震预报水平，也要宣传地震灾害是可以预防和减轻的，以增强人民抗御地震灾害的信心。

十、如何组织街道社区进行科普宣传活动

为了成功地组织街道、社区进行科普宣传活动，需要把握的一个最关键的环节，就是要制定好宣传活动方案，也就是为做好防震减灾宣传活动所制

订的书面计划、具体行动实施办法细则、步骤等。对具体将要进行的宣传活动进行书面的计划，对每个步骤的详细分析，研究，以确定活动的顺利，圆满进行。

一个好的防震减灾宣传活动方案，至少应包括如下内容：活动的标题（主题），活动背景，活动时间，活动的目的、意义和目标，资源需要，活动参加人员，具体负责组织人员，活动内容、安排和活动过程、经费预算，等等。

"活动背景"可在以下项目中选取内容重点阐述：基本情况简介、主要执行对象、近期状况、组织部门、活动开展原因、社会影响以及相关目的动机。

"活动目的、意义和目标"应用简洁明了的语言将其要点表述清楚。在陈述目的要点时，该活动的核心构成或策划的独到之处及由此产生的意义（经济效益、社会利益、媒体效应等）都应该明确写出。活动目标要具体化，并需要满足重要性、可行性、时效性等。

"资源需要"部分应列出所需人力资源、物力资源、使用的地方（如教室或使用活动中心）都要详细列出。还应该标明列为已有资源和需要资源两部分。

"活动内容、安排和活动过程"是方案的主要部分，表现方式要简洁明了，使人容易理解，但表述方面要力求详尽，写出每一点能设想到的东西，没有遗漏。在这一部分中，不仅仅局限于用文字表述，也可适当加入统计图表等。对策划的各工作项目，应按照时间的先后顺序排列，绘制实施时间表有助于方案核查。人员的组织配置、活动对象、相应权责及时间地点也应在这部分加以说明，执行的应变程序也应该在这部分加以考虑。

这里可以提供一些参考方面：会场布置、接待室、嘉宾座次、赞助方式、合同协议、媒体支持、社区宣传、广告制作、主持、领导讲话、司仪、会场服务、电子背景、灯光、音响、摄像、信息联络、技术支持、秩序维持、着装、指挥中心、现场气氛调节、接送车辆、活动后人员疏散、合影、餐饮招待、后续联络等。在实践中可根据实际情况和具体安排自行调节。

"经费预算"要尽可能详细精确，活动的各项费用在根据实际情况进行具体、周密的计算后，用清晰明了的形式列出。

制定好街道、社区的宣传活动方案，经请示领导并得到批准后，就可以按部就班地组织实施了。

需要特别注意的是，在制定和实施方案的过程中，要充分考虑各种细节，并保持一定的灵活性。比如，嘉宾的座次安排、拍摄照片和录像的角度及光线情况，万一出现不利天气情况如何应变，等等。

在成功地组织一次（或一系列）防震减灾宣传活动之后，还要善于进行和撰写书面总结。

防震减灾宣传活动总结的主要内容一般包括：活动主题、活动形式、发放了哪些宣传品和宣传材料、参与者、参加人数、人员分工、活动工作开始和结束的时间、活动地点、活动成效、活动感想和体会等。

需要特别主意的是，在进行总结时，成绩要说够，问题要写透。经验体会是总结的核心，是从实践中概括出来的具有规律性和指导性的东西。能否概括出具有规律性和指导性的东西，是衡量一篇总结好坏的关键。对一次防震减灾宣传活动，只有进行认真地总结，才能查找不足，积累经验，改进方法，提高实效，不断提升组织宣传活动的能力，强化防震减灾宣传的效果。

·· 实践与思考 ··

👉 问题与思考

（1）大力普及防震减灾知识有什么意义？在不同的时期，你准备怎样做好这项工作？

（2）如何识别地震谣传？你对科学应对地震谣传有什么想法和建议？

（3）你认为怎样才能有效组织防震减灾科普宣传活动？哪种宣传方式效果最好？

↘ **阅读建议**

（1）如果有条件，建议阅读《你必须掌握的防震知识》（地震出版社，2008年12月）、《防震减灾基础知识问答》（中国标准出版社，2009年3月出版）、《宣传、传播和舆论指南》（中山大学出版社，2008年5月）等书籍。

（2）建议经常登陆中国科普网（http：//www.cpus.gov.cn/）和自己喜欢的各种科普宣传网（如北京科普之窗 www.bjkp.gov.cn/，北京科普在线 http：//www.sponline.org.cn/，等等），了解科普知识，开阔视野，为做好基层地震知识宣传工作奠定良好的基础。

↘ **实践和探索**

（1）在充分查阅相关资料和精心准备的基础上，设计一个地震后的宣传活动，尝试在破坏性地震发生之后，用尽量简洁的语言，告诉民众应注意什么。

（2）组织街道、社区的防灾知识宣传活动，不断总结经验，提高实践能力。除了图书、展板、网站等常见的宣传方式，你觉得还可以在哪些方面进行尝试和探索？

第六章

"三网一员"应掌握的急救知识和技能

> "天有不测风云，人有旦夕祸福。"在日常生活中，遇到各种急症及意外伤害是在所难免的。在致死性伤员中，约有35%本来是可以避免死亡的，关键是他们能否获得快速、正确、高效的应急救护。调查发现，大多数中国人，甚至连警察、救援队员、医务工作者，都存在现场急救知识和技能观念淡薄、知识缺乏的问题。作为基层防震减灾工作者，掌握一些必要的急救知识和技能，不仅是可能的，更是非常必要的。

一、提高自救互救能力才能最大限度地避免人员伤亡

地震灾害具有很强的瞬间突发性，但是，再大的地震，顷刻间坍塌下来的废墟里，总会还有存活的生命。因为直接被砸死的只是一部分人，废墟中总有断墙残壁，或没有完全砸碎的结实家具与比较大的预制板，或其他构件组成一些支撑起来的相对安全空间，可以让幸存者存活下来。例如，有人在唐山地震现场考察估计，地震瞬间被压埋了63万多人，最后公布的死亡人数为24.2万多人。因此，可推测，被压埋的人中约有60%得救了。

多次抗震救灾事实表明，震后被压埋群众的抢救工作，绝大部分还是依靠群众的自救互救完成的。1966年3月8日邢台地震时，452个村庄的90%

以上房屋倒塌，有 20.8 万人被压埋在废墟中。震后，灾区群众广泛开展自救互救工作，震后仅 3 个小时，就有 20 万人从废墟中被救出。无疑，抗震防灾演习，可使广大民众了解、掌握自救互救的要求和技巧，这必将大大减少地震中的伤亡人数。

许多地震救援现场的经验说明，救出来的时间越早，被救幸存者存活的可能性越大。有专家根据几次地震救援记录得到如下图所示的被救人的存活率随时间衰减的关系。

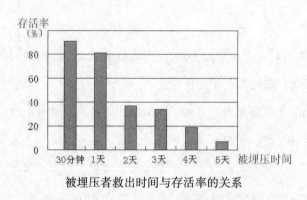

被埋压者救出时间与存活率的关系

从图中可以看出，地震发生的第 1 天被救出的幸存者 80% 以上可能活下来；如果在震后半小时内获救，存活率可超过 90%；第 2、第 3 天救出来，还有 30% 以上的存活可能性；第 4 天存活率已不到 20%；第 5 天，只有百分之几的存活率了。越往后，存活率越低。一周以后，被挖出来的人经抢救，也有奇迹般活下来的，但是极个别现象。

这些统计数据和事例说明，首先，强震发生后的紧急救援应该是越快越好，抢救生命的主要任务应该在前几天完成。其次，尽最大努力，精心抢救，后几天也可能有希望出现奇迹，再救活个别人。自然，紧急救援最好由社区内的人员来实施。

社区，是居住于一定地域的具有归属感、守望相助的人们组成的活动区域。我国城市社区，一般是指居民委员会辖区。作为社会管理与建设的基础，社区是防灾减灾机制的基本单元。

灾害发生时，往往导致道路中断等情况，社区常常等不及外来救援，而时间就是生命。社区要具备自救和自保的防灾功能，在灾后的第一时间，受灾者能够依靠自己的能力生存，并把居民转移到安全的地方去。这就要建立起相对独立运作的区域型防灾体系，包括设立社区紧急避难场所和医疗救护基地，有简单的应急物资储备，能够自己运作起来，以赢得黄金救命时刻，最大限度避免人员伤亡。不同社区之间，也要建立安全协调机制，提高自救和互救的能力。要想达到这一目的，就要充分发挥"三网一员"人员的作用。

二、开展救援工作的主要步骤和技术要点

对于救援工作，没有普遍适用的硬性规定，但训练有素的救援组织通常会按照以下五个阶段开展工作，如图所示。

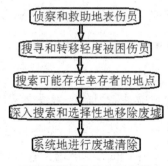

开展救援工作的主要步骤

在侦察和救助地表伤员阶段，除了检查现场，救助地表伤员，还要尽可能地收集建筑物内其他居民的信息。

在搜寻和转移轻度被困伤员阶段，除了就近搜索救助那些易于搭救的伤员外，还应与能够看到或听到却不能立即转移的被困伤员保持联系。如能使用训练有素的搜救犬，将显著增加找到被困及昏迷伤员的可能性。

在搜索可能存在幸存者的地点时，搜索废墟，营救所有可以看到或听到的被困者。其中可能包括呼叫和倾听回应的过程。

深入搜索和选择性地移除废墟，就是进一步搜寻较少可能存在幸存被困人

员的废墟。如果经搜寻，发现有更大希望存在伤员，应移除这些地方的废墟。

直到所有可能的伤员都被营救之后，方可对选定的废墟区域进行清理。其中包括清除尸体和残肢。使用喷漆或标牌标识已搜寻过的建筑。这种方法同样也可用于标识可能仍有尸体存在的建筑。

实施救援工作无需大量昂贵设备。"三网一员"人员可在当地应急管理组织处获取相关设备和培训的信息。为了更好地实施紧急救援，至少应了解和掌握如下技术要点：

1. 地震救援的安全要求

全体队员必须树立"安全第一"的意识，救援队长是第一安全责任人。

要树立队长（安全员）权威，队员必须听从队长（安全员）指挥。

救援队员必须配备头盔、口罩、手套、靴子等个人防护装备。

必须对救援现场进行安全评估，明确救援行动方案后才能进入；遇到危险及时撤离，重新评估后才能进入。

2. 救援基地的选择

应尽量选择平坦开阔、地基稳固的区域设立基地，并注意避开山脚、陡崖、滑坡危险区，防止滚石和滑坡；避开河滩、低洼处，防止洪水和泥石流侵袭；避开危楼，防止余震引起的二次垮塌；避开高压线，防止电击。

3. 开展科学有序的救援行动

为了使救援行动科学安全有效，必须做好如下几个环节的工作：

①现场封控。疏散围观群众，劝阻盲目救助、遇难亲属情绪过于激动情况，可从中选出较有号召力的人担任志愿者，协助维护现场秩序。

②进行安全评估。由经验丰富的专业人员或安全员对废墟倒塌情况进行评估，明确可能引起二次倒塌的危险地段，并根据情况进行必要的支撑加固。

③设置安全哨。安全员应设在能够监视全局、离队长位置较近的高处，随时向队长报告险情，紧急情况下可直接发出警报指令。主要任务是：监视破拆过程中建筑物的稳定性，一旦有坍塌危险，及时发出中止和撤离指令；

监视周边环境，发现建筑物倒塌、滑坡、滚石，及时发出中止和撤离指令；接到余震警报，及时发出中止和撤离指令。

④搜索幸存者。通过人工搜索（主要采取喊、敲、听方法）、搜救犬搜索和仪器搜索确认是否存在幸存人员及其准确位置。

⑤制定营救方案。根据幸存人员所在方位和被压埋情况，研究制定营救方案。营救方案不能破坏原有的支撑关系，同时须制定撤离方案，遇到险情及时撤出。

⑥建立营救通道。尽量利用废墟内现有空间建立通道。遇到障碍时，利用设备采取破拆、顶升、凿破方式开辟通道。在清理通道过程中，要进行支撑和加固。

⑦营救伤员。从通道中营救运出伤员，尽量采用竖立担架，保护伤者脊椎，禁止生拉硬拽造成二次伤害。

⑧进行心理安抚。在营救过程中，要与被困人员进行沟通，了解伤情和被埋压情况，有针对性开展心理安抚。

⑨进行医疗救护。注意对伤员眼睛的保护，戴上眼罩，防止强光伤害。除开展常规护理外，应及时送专业治疗点。

⑩队伍撤离。在完成救援任务撤离时，应在救援现场标志营救情况，为其他救援队伍提供提示。

此外要注意的是，要听从抗震救灾指挥部的统一指挥；加强与周边救援队伍协调，互相支持；队伍要配备药品，防止脱水、日晒、感染；注意队员的体力，轮流作业；队伍要配备后勤保障人员。

三、现场急救的基本要求和原则

面对严重的地震威胁，每个人都有一种本能的求生欲望。幸免于难和逃生脱险的人，会自发地抢救亲属、邻里中的蒙难者。此时最迫切的任务是将这些自发的行动组织起来，变为有益于集体进行相互救助的自觉行动，就近划片进行寻找挖扒，逐片扩大。发挥基层组织，特别是居民组织和志愿者、医疗站的作用。"三网一员"人员、领导干部、党团员、志愿者、医疗卫生人员要发挥模范带头作用，成为自救互救的中坚力量。

无论是在公共场所、家庭或在马路等户外，还是在其他情况复杂、危险的现场，发现有危重伤员需要急救时，都要保持镇定，沉着大胆，细心负责，理智科学地判断，分清轻重缓急，先救命、后治伤，果断实施救护措施。

首先要本着安全的原则，仔细评估现场，确保自身与伤员的安全。在施救前、施救中及施救后，都要排除任何可能威胁到救援人员、被救者人身安全的因素。常见的有：环境的安全隐患、施救与被救者相互间传播疾病的隐患、法律上的纠纷、急救方法不当对救援人员或伤患造成的伤害等。

其次，要注意把握简单和快速的原则。简单的目的是便于操作，在急救过程当中把没有实际意义的环节省去，一方面能够节约时间，另一方面能够提高效率；快速是确保效率的一种有效手段，在确保操作准确的前提下，尽量加快操作速度，可以提供施救效率。

此外就是要准确。施救技术的准确有效性，是现场施救的重点要求。无效的施救等同于浪费时间，耽误病人的病情。

在急救时，还必须要坚持"一个中心，两个基本原则"——

一个中心：现场急救始终坚持以伤患者生命为中心，严密监护患者生命体征，正确处置危及伤患者生命的关键环节，保证或争取患者在到达医院前不死亡。

两个基本原则：

一是对症治疗原则，先救命、后治伤。也就是说，现场急救是对症而不是对病、对伤。它是处理急病或创伤的急性阶段，而不是治疗疾病的全过程，正确及时处理危及伤病人员生命的严重急症，如窒息、中毒、创伤大出血、休克等。

二是拉起来就跑原则。也就是对一些在现场无法判断或正确判断需要较长时间，而病人又十分危急者，无法采取措施或采取措施也无济于事的危重伤病者，急救人员不要在现场做不必要的处理，以免浪费过多时间。应以最快的速度拨打急救电话，将伤患者安全送至医院，同时加强途中监护、输液、吸氧等治疗，并做好记录。

四、应急救援中常用的搜索方法

搜索是救援工作最主要的内容，是保证救援工作成功的关键。搜索也是救援工作中最困难的部分，既需要丰富的实际经验和技巧，也需要现代化的高科技装备帮助定位。搜索定位是指在灾害现场通过寻访、呼叫、仪器侦测或搜救犬搜索确定被困在自然空间或缝隙中的幸存者的位置，搜索定位队是救援队的重要组成部分。搜索技术分为几个方面，救援搜索人员应当明确搜索的目的、掌握如何给建筑物做标记、寻找幸存者并与之取得联系以及确定幸存者位置的方法。目前常用的搜索方法有：人工搜索、搜救犬搜索、仪器搜索。

1. 人工搜索

人工搜索区域或建筑物倒塌情况及建筑物危险性评估信息的综合分析，可采取一个房间一个房间、一个空间一个空间地搜索；也可采用拉网式搜索。通过对幸存者家属或已救出的幸存者的寻访，对所有易于接近或就在表面的遇难者进行快速搜索，可直接救出的立即救出。对需移开瓦砾的做上标记，并报告队长处理。

人工搜索基本方法有：直接搜索幸存者；呼叫搜索幸存者，监听幸存者的回音；拉网式详细搜索幸存者。

人工搜索的主要局限是，营救人员工作时距潜在危险地区太近，并且无法进入建筑物的所有空间。在实施人工搜索之前，最好的办法是向一些对倒塌建筑背景了解的人咨询。

人工搜索的程序是：首先组织人员在场点四周搜索，营救人员寻找表面可见的幸存者并通过喊话与他们取得联系，并将这些幸存者转移到安全地方。

这种搜索方法的前提是幸存者能够听到呼叫，并有能力做出回应，当幸存者处于昏迷状态或严重受伤时，这种方法将不起作用。

2. 搜救犬搜索

搜救犬是传统的专业搜索工具之一。采用搜救犬搜索需要其他搜索资源，以及经过培训的犬和引导人员。因此，搜救犬的使用范围有限，但是用搜救犬完成搜索工作确实是一种有效的方法，有条件的城市社区地震应急救援队，可考虑尝试培养自己的搜救犬。

搜救犬搜索工作程序一般包括：确定搜索范围、初期表面搜索和进一步细致搜索三部分。在重型破拆装备到达并移出瓦砾之前，可以用搜救犬进行废墟的搜索，以确定幸存者或尸体的位置并将其救出或移出。

搜救犬搜索的优点是：能在短时间内进行大面积搜索；适合于危险环境，搜救犬的体型和重量更适合于较小空间，且产生二次倒塌可能性较大的环境搜索；有些搜救犬具有区分幸存者和尸体的能力，可节省时间；搜救犬还可以与热红外线和光学搜索仪器密切配合；同时对失踪的幸存者，搜救犬搜索也是非常成功的。

搜救犬搜索的缺点是：工作时间比较短，至少需要 2 条搜救犬对搜索区进行单独的相互验证。效果取决于训导员和搜救犬的能力，当受到气温、风力等有些情况影响时，搜救犬无能为力。

3. 仪器搜索

到瓦砾深处救援的第一步是搜索。幸存者埋在瓦砾堆中，用手去一点点地挖开瓦砾显然太慢，用重型机械去移动又有可能伤着人。这时候，就需要用到各种搜索仪器。常用的搜索仪器有光学生命探测仪、热红外生命探测仪和声波振动生命探测仪。

光学生命探测仪俗称"蛇眼"，是利用光反射进行生命探测的一种搜索仪器。仪器的主体非常柔韧，像通下水道用的蛇皮管，能在瓦砾堆中自由扭动。

仪器前面有细小的探头，可深入极微小的缝隙探测，类似摄像仪器，将信息传送回来，救援队员利用观察器就可以把瓦砾深处的情况看得清清楚楚。很多博物馆和超市用的防盗装置，就是这种光学探头加观察设备。

热红外生命探测仪具有夜视功能，它的原理是通过感知温度差异来判断不同的目标，因此在黑暗中也可照常工作。这种仪器有点像现在商场门口测体温的仪器，只是个头比那个大多了，而且带有图像显示器。

声波振动生命探测仪靠的是识别被困者发出的声音。人类有两只耳朵，这种仪器却有 3 ~ 6 只耳朵，它的耳朵叫作"拾振器"，也叫振动传感器。它能根据各只耳朵听到声音先后的微小差异来判断幸存者的具体位置。说话的声音对它来说最容易识别，因为设计者充分研究了人的发声频率。如果幸存者已经不能说话，只要用手指轻轻敲击，发出微小的声响，也能够被它听到，关键是噪声的影响不能太大。

五、如何组织社区志愿者开展地震应急救援行动

社区志愿者是社区地震应急的骨干力最，一旦发生灾害性地震，"三网一员"人员要尽快组织社区志愿者队伍集结到位并立即开展行动，投入地震应急和救援工作。

震后，社区志愿者应收集并报告震情与灾情，通过观察附近房屋和环境情况，了解是否有房屋倒塌，是否有其他地面设施和物品遭受破坏；了解自己负责的区域内房屋受损和人员受灾情况；将观察和了解的情况向社区报告。

在收集并报告震情与灾情的同时，社区志愿者应根据地震应急预案的规定，迅速到指定地点集合，分工、分片地开展搜索、营救、急救等救援行动。当所处建筑物及附近建筑物倒塌时，队员可首先进行家庭自救，就近参加邻里互救，参与和指导群众自救互救。

群众性自救互救不但要有组织，还要讲究方法，不应盲目图快，否则会增加不应有的伤亡。要在亲属和邻里的协助下，迅速准确判断被埋人员的位

置，再行施救；要根据伤员的呼喊、呻吟、敲击器物的声响及裸露在外的肢体或血迹，判定遇难人员的位置；根据房屋结构和地震发生在白天或黑夜，床铺（炕）、桌等坚实家具所处位置进行判断，通过侦听和询问来确定被埋者的位置。

在进行救援时，应准备好小型轻便工具，如铲、铁杆、锤子、凿子、斧等。

搜索被压埋人员可采取下列方法：

喊——喊幸存者名字，或问废墟中是否有人，发出救援信号。

听——听幸存者发出的信号，包括呼救声、呻吟声、敲打声、口哨声等。

看——看幸存者活动痕迹、血迹。

问——向家属、同事、邻居等知情者了解压埋人员的情况和位置。

分析——根据地震发生时间、地区、房屋结构等判断可能的压埋人员和位置。

对倒塌或严重破坏的建（构）筑物，应重点搜索下列部位：门口、过道、墙角、家具下；楼梯下的空间；地下室和地窖；没有完全倒塌的楼板下的空间；关着且未被破坏的房门口；由家具或重型机械、预制构件支撑形成的空间。

挖掘营救时，应先用简单工具清除埋压物，营救埋压在废墟表层的幸存者；如有可能，可采用顶升、剪切、挖掘等工具构建通道和生存空间，然后营救幸存者。

救人时，应先确定伤员的头部位置，以最快的轻巧动作，使头部暴露，迅速清除口鼻内的灰土，露出胸腹部。如有窒息及时施以人工呼吸。为了争取时间抢救更多的人，不宜将力量使用在一个伤者身上。在确定所有伤员的位置后，率先暴露头和胸腹部，使其自行出来，再依次抢救其他人。对于不能自行出来的受伤者，不要强拉硬拖，应暴露全身，查明伤情，施行急救或包扎固定，选择适当的方式搬运。对暂时无力救出的幸存者，要使废墟下面的空间保持通风，递送水和食品，寻求帮助再行施救。

营救出幸存者后，应由具有一定医疗救护技能的志愿者，根据幸存者的伤势和现场条件，及时进行人工心肺复苏、止血、包扎、固定等急救处理，然后送医院或者医疗救助点。

在实施救援时一定要注意：在未实施急救前，切勿轻易移动伤者（除非判断伤员生命垂危，必须马上施救）；注意不要吸烟或划火柴，因为救援现场可能会有可燃气体泄漏；不可随意拔出废墟中的木料，这可能会引起再次崩塌；千万不要触摸受损的电线；在开始工作前先进行侦察，这绝不是浪费时间；在损坏的楼梯或楼层上，尽量靠墙走；假如要用手清理瓦砾，要戴上手套；移除伤者附近的瓦砾时要格外小心；利用毯子、帆布或瓦楞铁皮（波纹铁）等来保护伤者，使之免受掉落的瓦砾和尘土的伤害；尽量不要接近残垣，使之保持原样，以免发生再次崩塌而破坏现有的空隙；移走瓦砾或者阻碍物的时候要当心（特别是在空隙中），以免发生再次坍塌；在废墟中使用锋利的工具时，要加倍小心；在废墟底下走过或者在它下面实施救援之前，先要用一些物体支撑加固它；由于时间和条件所限，在转移伤员之前需做必要检查，并只对那些有生命危险的伤员实施急救措施；注意伤者的保暖，以缓和灾难给其带来的冲击；抬担架经过残垣和障碍物时，要采用正确的方式。此外，要列一张已经得到紧急救助的伤员清单。

六、学习一些心肺复苏知识及操作技能是非常必要的

2007年7月，某电视台记者与同事接到新闻线索，说在黄河公路大桥西侧有一个13岁女孩溺水。当她们到达现场时，女孩已经被救上岸了放在地上，没有呼吸，也没有心跳，情况非常危急，拥有极强社会责任感的她们，毅然加入到抢救女孩的行列。由于她们和周围的所有人一样都没有学过心肺复苏术，于是迅速拨通了当地120的急救电话，并请教心肺复苏的操作方法。虽然在120医师的指导下她们努力去做了，但是由于宝贵的黄金时间没有抓住，加上不标准的手法、不正确的操作方式，最终没能留下这个年轻的生命。

看来，学习一些心肺复苏方法和技能是非常必要的。正如一位著名医学

专家所指出的："心肺复苏是患者见上帝的最后一道关了，希望我们把这道关把好！"

近年来，仅美国和欧洲，每天平均就有 1000 多呼吸、心搏骤停的患者被成功抢救。而这些不需要任何设备、不管何时何地，仅仅依靠一双手—— 一双经过急救培训过的手就可以救人一命。

心肺复苏（Cardio Pulmonary Resuscitation，简称 CPR）是针对呼吸心跳停止的急危重症患者所采取的关键抢救措施，也就是先用人工方法代替呼吸、循环系统的功能（采用人工呼吸代替自主呼吸，利用胸外按压形成暂时的人工循环），快速地除颤转复心室颤动，然后再进一步采取措施，重新恢复自主呼吸与循环，从而保证中枢神经系统的代谢活动，维持正常生理功能。

心肺复苏特别适合各种意外伤害导致的呼吸、心搏骤停以及各种急病或疾病的突发导致的呼吸、心搏骤停的现场急救。

现在，所有的学者基本都能认同这样一点：当人的生命受到威胁时抢救的越早，患者生还和康复的机会就越大。特别是对一些心搏呼吸骤停的患者，时间是患者的生命，可以说，早期有效的心肺复苏或电击除颤复律，能最大限度的保护人的大脑功能，对于患者的整体康复起到了犹为重要的作用。

世上所有有生命的机体都会面临着两个基本问题：衰老和死亡。人类也不例外，当一个人从出生的那一刻起，也就注定要一步步迈向死亡。因此，死亡是每个人都无法回避的客观规律，同时人类对死亡的恐惧也是与生俱来的。

纵观中外医学历史，我们不难发现为了逃避死亡的威胁，人类从未停止过探索的脚步，特别是在濒临死亡的危急关头，使用一切手段挽救生命、延长生命早已成为人类科技探索的重要方向。而心肺复苏术正是人类千百年来探索经验和智慧的结晶，其目的就是试图让患者从"死亡"的边缘起死回生。现代心肺复苏术从 20 世纪 60 年代初建立，一度被局限在医院里。但近 30 年来，尤其是近十几年来，经过不断完善，推广到现在已经走过了50年的历程，心肺复苏已在发达国家普及，走出了医院，来到了社会，被普通民众所掌握。专家们认为，一个城市、地区心肺复苏的普及率越高，往往表明该城市、地区的文明程度越高。我国近年来，无论是医疗卫生部门还是社会团体都在积极推行心肺复苏，取得了良好的效果，使不少垂危、濒死病人的生命被挽救回来。

对普通人来说，虽然心肺复苏术只是一项急救技能，但有了这一技能，就可以实现自己救助他人的伟大而崇高的人生价值。而事实也证明，心肺复苏术确实是危机关头挽救生命的重要手段之一。

有关学者的研究表明，美国心搏骤停抢救成功率近30%；而我国不到1%。其原因有以下几方面：

最初的目击者包括家属不懂急救方法；

在呼叫救护车、等待救护人员到达之前，没有施救，而耽误了急救时间；

最初的目击者做出了错误的紧急处理。

严酷的现实要求我们每个人——尤其是"三网一员"人员都应尽量学习心肺复苏知识及操作技能。这是一项能在危急关头将处在死亡线上的人拉回来的实用技能。

七、实施心肺复苏的基本步骤和要领

据美国近年统计，每年心血管病人死亡数达百万人，约占总死亡病因的1/2。而因心脏停搏突然死亡者60% ~ 70%发生在到医院之前。因此，美国成年人中约有85%的人有兴趣参加CPR初步训练，结果使40%心脏骤停者复苏成功，每年抢救了约20万人的生命。

心脏跳动停止者，如在4分钟内实施初步的CPR，在8分钟内由专业人员进一步心脏救生，死而复生的可能性最大。因此，可以说时间就是生命，速度是关键。

1. 按 DRABC 进行心肺复苏

初步的 CPR 按 DRABC 进行——D（dangerous）：检查现场是否安全；R（response）：检查伤员情况（反应）；A（airway）：保持呼吸顺畅；B（breathing）：口对口人工呼吸；C（circulation）：建立有效的人工循环。

①检查现场是否安全（D）。在发现伤员后，应先检查现场是否安全。若安全，可当场进行急救；若不安全，须将伤员转移后进行急救。

②检查伤员情况（R）。在安全的场地，应先检查伤员是否丧失意识、自主呼吸、心跳。检查意识的方法：轻拍重呼，轻拍伤员肩膀，大声呼喊伤员。检查呼吸方法：一听二看三感觉，将一只耳朵放在伤员口鼻附近，听伤员是否有呼吸声音，看伤员胸廓有无起伏，感觉脸颊附近是否有空气流动。检查心跳方法：检查颈动脉的搏动，颈动脉在喉结下两公分处。

③保持呼吸顺畅（A）。昏迷的病人常因舌后移而堵塞气道。所以，心肺复苏的首要步骤是畅通气道。急救者以一手置于患者额部，使头部后仰，并以另一手抬起后颈部或托起下颌，保持呼吸道通畅。对怀疑有颈部损伤者，只能托举下颌，而不能使头部后仰；若疑有气道异物，应从患者背部双手环抱于患者上腹部，用力、突击性挤压。

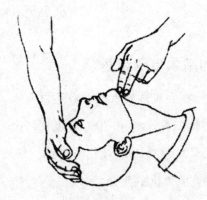

保持呼吸顺畅

④口对口人工呼吸（B）。在保持患者仰头抬颌前提下，施救者用一手捏闭患者的鼻孔（或口唇），然后深吸一大口气，迅速用力向患者口（或鼻）内

吹气，然后放松鼻孔（或口唇），照此每5秒反复一次，直到恢复自主呼吸。每次吹气间隔1.5秒，在这个时间抢救者应自己深呼吸一次，以便继续口对口呼吸，直至专业抢救人员到来。

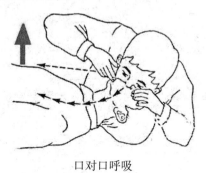

口对口呼吸

在口对口人工呼吸时，要用呼吸膜防止患者体内细菌传播。在没有呼吸膜保护的情况下，抢救者可以不进行人工呼吸。

若伤员口中有异物，应使伤员面朝一侧（左右皆可），将异物取出。若异物过多，可进行口对鼻人工呼吸，即用口包住伤员鼻子，进行人工呼吸。

⑤建立有效的人工循环（C）。检查心脏是否跳动，最简易、最可靠的是颈动脉。抢救者用2～3个手指放在患者气管与颈部肌肉间轻轻按压，时间不少于10秒。如果患者停止心跳，抢救者应按压伤员胸骨下1/3处。如心脏不能复跳，就要通过胸外按压，使心脏和大血管血液产生流动，以维持心、脑等主要器官最低血液需要量。

抢救者应跪在伤员躯干的一侧，两腿稍微分开，重心前移，之后选择胸外心脏按压部位：先以左手的中指、食指定出肋骨下缘，而后将右手掌掌跟放在胸骨下1/3，再将左手放在右手上，10指交错，握紧右手。按压时不可屈肘。按压力量经手根而向下，手指应抬离胸部。

胸外心脏按压方法：抢救者两臂位于病人胸骨下1/3处，双肘关节伸直，利用上身重量垂直下压，对中等体重的成人下压深度应大于5厘米，而后迅速放松，解除压力，让胸廓自行复位。如此有节奏地反复进行，按压与放松时间大致相等，频率为每分钟不低于100次。

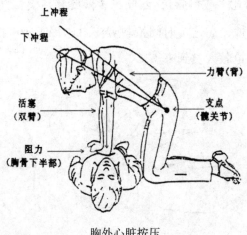

胸外心脏按压

当只有一个抢救者给病人进行心肺复苏术时，应是每做 30 次胸外心脏按压，交替进行 2 次人工呼吸。

当有两个抢救者给病人进行心肺复苏术时，首先两个人应呈对称位置，以便互相交换。此时，一个人做胸外心脏按压，另一个人做人工呼吸。两人可以数着 1、2、3 进行配合，每按压心脏 30 次，口对口或口对鼻人工呼吸 2 次。

此外在进行心肺复苏前应先将伤员恢复仰卧姿势，恢复时应注意保护伤员的脊柱。先将伤员的两腿按仰卧姿势放好，再用一手托住伤员颈部，另一只手翻动伤员躯干。若伤员患有心脏疾病（非心血管疾病），不可进行胸外心脏按压。

2. 进行心肺复苏的注意事项

需要注意的是，2005 年底美国心脏学会（AHA）发布了较新版的 CPR 急救指南，与旧版指南相比，主要就是按压与呼吸的频次由 15∶2 调整为 30∶2。

在美国心脏学会（AHA）2010 国际心肺复苏（CPR）& 心血管急救（ECC）指南标准中，胸外心脏按压频率由 2005 年的 100 次 / 分改为"至少 100 次 / 分"；按压深度由 2005 年的 4 ~ 5 厘米改为"至少 5 厘米"。

CPR 的操作顺序也有了变化：由 2005 年的 A–B–C（旧），即 A 开放气道→B 人工呼吸→C 胸外按压；转为 2010 年的 C–A–B（新）即 C 胸外按压→A 开放气道→B 人工呼吸。

进行心肺复苏（CPR）的其他注意事项如下：

胸外心脏按压时最大限度地减少中断；按压后保证胸骨完全回弹。

口对口吹气量不宜过大，一般不超过 1200 毫升，胸廓稍起伏即可。吹气时间不宜过长，过长会引起急性胃扩张、胃胀气和呕吐。吹气过程要注意观察患（伤）者气道是否通畅，胸廓是否被吹起。

胸外心脏按压只能在患（伤）者心脏停止跳动下才能施行。

口对口吹气和胸外心脏按压应同时进行，严格按吹气和按压的比例操作，吹气和按压的次数过多和过少，都会影响复苏的成败。

胸外心脏按压的位置必须准确。不准确容易损伤其他脏器。按压的力度要适宜，过大过猛容易使胸骨骨折，引起气胸、血胸；按压的力度过轻，胸腔压力小，不足以推动血液循环。

施行心肺复苏时应将患（伤）者的衣扣及裤带解松，以免引起内脏损伤。

3. 心肺复苏有效的体征和终止抢救的指征

首先应观察颈动脉搏动，如果有效，每次按压后就可触到一次搏动。若停止按压后搏动停止，表明应继续进行按压。如停止按压后搏动继续存在，说明病人自主心搏已恢复，可以停止胸外心脏按压。

若无自主呼吸，人工呼吸应继续进行，或自主呼吸很微弱时，仍应坚持人工呼吸。

复苏有效时，可见病人有眼球活动，口唇、脸颊转红，甚至脚可动；观察瞳孔时，可由大变小，并有对光反射。

当有下列情况可考虑终止复苏：

①心肺复苏持续 30 分钟以上，仍无心搏及自主呼吸，现场又无进一步救治和送治条件，可考虑终止复苏。

②脑死亡，如深度昏迷、瞳孔固定、角膜反射消失，应将病人头向两侧转动，眼球原来位置不变等，如无进一步救治和送治条件，现场可考虑停止复苏。

③当现场危险威胁到抢救者安全（如雪崩、山洪暴发）以及医学专业人员认为病人死亡，无救治指征时。

学会心肺复苏对于每个人都会很有用，生活中有很多意外，很难保证我们是时时安全的。为了能够在危急时刻挽救生命，建议大家一定要学会初步的心肺复苏方法。

八、判断出血类型，掌握基本的止血方法

血液是人体重要的组成部分，成人的血液总量约占其体重的8%，少年儿童血液的总量可达体重的9%。创伤一般都会引起出血。当失血量达到20%时，就会有明显的临床症状，如血压下降、休克等；失血量达到30%以上时，就有生命危险。因此，了解一定的常识，学会判断出血的类型和掌握基本的止血方法是非常重要的。

1. 了解常见的出血类型

出血按其出血部位可分为皮下出血、外出血和内出血三类。青少年学生在学校或家庭中发生的创伤，大多数是外出血和皮下出血。

皮下出血多发生在跌倒、挤压、挫伤的情况下，皮肤没有破损，仅仅是皮下软组织发生出血，形成血肿、瘀斑。这种出血，一般外用活血化瘀、消肿止痛药稍加处理，不久便可痊愈。

外出血是指皮肤损伤，血液从伤口流出。根据流出的血液颜色和出血状态，外出血可分为毛细血管出血、静脉出血和动脉出血三种。最常见的是毛细血管出血。毛细血管出血时，血液呈红色，像水珠样流出，一般都能自己凝固而止血，没有多大危险。静脉出血时，血色呈暗红色，连续不断均匀地从伤口流出，危险性不如动脉出血大。动脉出血时，血液呈鲜红色，从伤口呈喷射状或随心搏频率一股一股地冒出。这种出血的危险性大。

2. 掌握实用的指压止血方法

指压止血法指抢救者用手指把出血部位近端的动脉血管压在骨骼上，使

血管闭塞、血流中断而达到止血目的。这是一种快速、有效的首选止血方法。采用此法救护人员需熟悉各部位血管出血的压迫点。仅适用于急救，压迫时间不宜过长。

具体做法是用拇指或拳头压在出血血管的上方，使血管被压闭合，以中断血液流动而止血。常见的指压止血法有：

上肢指压止血法——此法用于手、前臂、肘部、上臂下段的动脉出血，主要压迫肱动脉。可用拇指或四指并拢，压迫上臂中部内侧的血管搏动处。

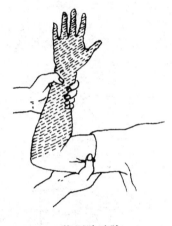

指压肱动脉

下肢指压止血法——此法用于脚、小腿或大腿动脉出血，主要压迫股动脉。可用两手拇指或拳头压迫大腿根部内侧的血管搏动处。

指压股动脉

脚部指压止血法——适用于一侧脚的大出血。用双手拇指和食指分别压迫伤脚足背中部搏动的胫前动脉及足跟与内踝之间的胫后动脉。

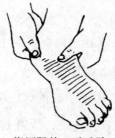

指压胫前、后动脉

肩部指压止血法——此法用于肩部或腋窝处的大出血，用手从锁骨上窝处压迫锁骨下动脉。

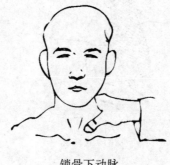

锁骨下动脉

面部指压止血法——此法用拇指压迫耳屏前的血管搏动处以止血。

颞部止血法——用拇指在耳前对着下颌关节上用力，可将颞动脉压住。

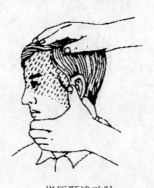

指压颞浅动脉

颈部止血法——在颈根部，气管外侧，摸到跳动的血管就是颈动脉，用大拇指放在跳动处向后、向内压下。

手掌手背止血法——一手压在腕关节内侧，通常摸脉搏处即桡动脉部，另一手压在腕关节外侧尺动脉处可止血。

手指止血法——用另一手的拇指和中指分别压住出血手指的两侧，可止血，不可压住手指的上下面；把自己的手指屈入掌内，形成紧握拳头式可以止血。

指压法只能作为应急处理，处理后应及时送医院或采取其他措施进一步治疗。

九、常用的包扎止血法

包扎止血法是指用绷带、三角巾、止血带等物品，直接敷在伤口或结扎某一部位的处理措施。

对于表浅伤口出血或小血管和毛细血管出血，可粘贴创可贴止血：将自粘贴的一边先粘贴在伤口的一侧，然后向对侧拉紧粘贴另一侧。

更常用的方法是加压包扎止血。适用于全身各部位的小动脉、静脉、毛细血管出血。先用敷料或清洁的毛巾、绷带、三角巾等覆盖伤口；伤口覆盖无菌敷料后，再用纱布、棉花、毛巾、衣服等折叠成相应大小的垫，置于无菌敷料上面；然后再用绷带、三角巾等紧紧包扎，以停止出血为度。

这种方法用于小动脉以及静脉或毛细血管的出血。但伤口内有碎骨片时，禁用此法，以免加重损伤。

加压包扎的方式有：

直接加压法——通过直接压迫出血部位而止血。操作要点：伤员坐位或卧位，抬高患肢（骨折除外），用敷料覆盖伤口，覆料要超过伤口周边至少3厘米，如果敷料已被血液浸湿，再加上另一敷料。用手加压压迫，然后用绷带、三角巾包扎。

间接加压法——伤口有异物的伤员，如扎入体内的剪刀、刀子、钢筋、玻璃片等，应先保留异物，并在伤口边缘固定异物，然后用绷带加压包扎。

加压包扎的具体做法有：

毛细血管出血止血法——毛细血管出血的表现是，血液从创面或创口四周渗出，出血量少、色红，找不到明显的出血点，危险性不大。这种出血常能自动停止。处理时通常用碘酊和酒精消毒伤口周围皮肤后，在伤口盖上消毒纱布或干净的手帕、布片，扎紧就可止血。

静脉出血止血法——静脉出血的表现是，暗红色的血液缓慢不断地从伤口流出，其后由于局部血管收缩，血流逐渐减慢，这种出血的危险性也不大。止血与毛细血管出血止血法基本相同。还可同时采取抬高患处以减少出血、加压包扎等方法加速止血。

骨髓出血止血法——骨髓出血的表现是，血液颜色暗红，可伴有骨折碎片，血中浮有脂肪油滴。骨髓出血可用敷料或干净的多层手帕等填塞止血。

对于由动脉血管损伤引起的"动脉出血"和由静脉血管损伤引起的"静脉出血"，单纯的压迫包扎伤口，往往不能达到止血的目的。

动脉出血时，出血呈搏动性、喷射状，血液颜色鲜红，可在短时间内大量失血，造成生命危险；静脉出血时，出血缓缓不断外流，血液颜色紫红。这些可通过"指压"和"止血带"等应急措施临时止血，再送医院或请救护人员前来救治。

十、止血带的使用方法和注意事项

止血带止血法是在用于四肢较大血管出血，加压包扎的方法不能止血时。这种方法能有效地控制四肢的出血，但损伤较大，应用不当可致肢体坏死，因此应谨慎使用。只有当其他方法不能止血时才可使用。

在具体操作时，首先将伤肢抬高2分钟，使血液回流。可暂在拟上止血带局部垫上松软敷料或毛巾布料。止血带以气袖带止血带最好，绑好袖带后，外层应用绷带缠绕固定；其次最常用的是橡皮管（带），环绕肢体缠扎两周勒紧，以不出血为止；无制式止血带时，可在垫好衬垫后，用一布带绕肢体松松捆绑一周打结，在结下穿一短木棒，沿一个方向旋转短棒，使布带绞紧，至伤口不流血为止，将棒固定在肢体上。

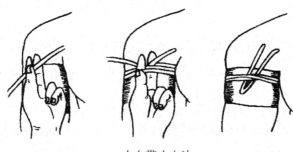

止血带止血法

在实际应用中，常用的止血带有橡皮止血带（橡皮条和橡皮带）、气囊止血带（如血压计袖带）和布制止血带。其操作方法各有不同：

橡皮止血带：左手在离带端约 10 厘米处由拇指、食指和中指紧握，使手背向下放在扎止血带的部位，右手持带中段绕伤肢一圈半，然后把带塞入左手的食指与中指之间，左手的食指与中指紧夹一段止血带向下牵拉，使之成为一个活结，外观呈"A"字形。

气囊止血带：常用血压计袖带，操作方法比较简单，只要把袖带绕在扎止血带的部位，然后打气至伤口停止出血。一般压力表指针在 300 毫米汞柱（上肢），为防止止血带松脱，上止血带后再缠绕绷带加强。

表带式止血带：伤肢抬高，将止血带缠在肢体上，一端穿进扣环，并拉紧致伤口部停止出血为度。

布制止血带：将三角巾折成带状或将其他布带绕伤肢一圈，打个蝴蝶结，取一根小棒穿在布带圈内，提起小棒拉紧，将小棒按顺时针方向拧紧，将小棒一端插入蝴蝶结环内，最后拉紧活结并与另一头打结固定。

使用止血带时，应注意如下事项：

扎止血带时间越短越好，一般不超过 1 小时。如必须延长，则应每隔 50

分钟左右放松 3 ~ 5 分钟，在放松止血带期间需用指压法临时止血。

上止血带时应标记时间，因为上肢耐受缺血的时间是一个小时，下肢耐受缺血的时间是一个半小时。如果上止血带的时间过长，会造成肢体的缺血坏死，因此上止血带时应标记止血的起始时间。使用止血带的伤者优先护送及进一步处置。

避免勒伤皮肤，用橡皮管（带）时应先垫上 1 ~ 2 层纱布。

一般放止血带的部位止血带应尽量靠近伤口，但在双骨部位（如前臂、小腿）不能使用止血带，应分别绑于上臂 1/2 处和大腿上 2/3 处，如果向下可能会损伤桡神经。前臂和小腿双骨部位不可扎止血带，因为血管在双骨中间通过，上止血带达不到压闭血管的目的，还会造成组织损伤。

衬垫要平整垫好，防止局部压伤。

缚扎止血带松紧度要适宜，以出血停止、远端摸不到动脉搏动为准。过松达不到止血目的，且会增加出血量，过紧易造成肢体肿胀和坏死。

需要施行断肢（指）再植者不应使用止血带，如有动脉硬化症、糖尿病、慢性肾病等，其伤肢也须慎用止血带。

止血带只是一种应急措施，而不是最终的目的，因此上了止血带应尽快到医院急诊科处理，才不会出危险。

在松止血带时，应缓慢松开，并观察是否还有出血，切忌突然完全松开。

不可使用铁丝、绳索、电线等无弹性的物品充当止血带。

十一、常用的包扎方法和注意事项

包扎是外伤现场应急处理的重要措施之一。及时正确地包扎，可以达到压迫止血、减少感染、保护伤口、减少疼痛，以及固定敷料和夹板等目的。相反，错误地包扎可导致出血增加、加重感染、造成新的伤害、遗留后遗症等不良后果。

在有出血的情况下，外伤包扎的实施必须以止血为前提。如果不及时给予止血，就可能造成严重失血、休克，甚至危及生命。

伤口经过清洁处理后，才能进行包扎。

清洁伤口前，先让患者处于适当位置，以便救护人操作。如周围皮肤太脏并杂有泥土等，应先用清水洗净，然后再用 75% 的酒精消毒伤口周围的皮肤。消毒伤口周围的皮肤要由内往外，即由伤口边缘开始，逐渐向周围扩大消毒区，这样，越靠近伤口处越清洁。如用碘酒消毒伤口周围皮肤，必须再用酒精擦去，这种"脱碘"方法，是为了避免碘酒灼伤皮肤。应注意，这些消毒剂刺激性较强，不可直接涂抹在伤口上。伤口要用棉球蘸生理盐水轻轻擦洗。自制生理盐水，即 1000 毫升凉开水加食盐 9 克即成。

在清洁、消毒伤口时，如有大而易取的异物，可酌情取出；深而小又不易取出的异物，切勿勉强取出，以免把细菌带入伤口，或增加出血。如果有刺入体腔或血管附近的异物，切不可轻率地拔出，以免损伤血管或内脏，引起危险。在这种情况下，现场不做处理反而相对安全。

伤口清洁后，可根据情况做不同处理。如系粘膜处小的伤口，可涂上红汞或紫药水，也可撒上消炎粉，但是大面积创面不要涂撒上述药物。如遇到一些特殊严重的伤口，如内脏脱出时，不应送回，以免引起严重的感染或发生其他意外。

包扎时，要做到快、准、轻、牢。"快"即动作敏捷迅速；"准"即部位准确、严密；"轻"即动作轻柔，不要碰撞伤口；"牢"即包扎牢靠，不可过紧，以免影响血液循环，也不能过松，以免纱布脱落。

包扎材料最常用的是卷轴绷带和三角巾，家庭中也可以用相应材料代替。

包扎伤口，不同部位有不同的方法，下面是几种常用的包扎方法：

1. 绷带环形法

这是绷带包扎法中最基本、最常用的，一般小伤口清洁后的包扎都是用此法。它还适用于颈部、头部、腿部以及胸腹等处。方法是：第一圈环绕稍做斜状，第二圈、第三圈做环形，并将第一圈斜出的一角压于环形圈内，这样固定更牢靠些。最后用粘膏将尾固定，或将带尾剪开成两头打结。

2. 绷带蛇形法

多用在夹板的固定上。方法是：先将绷带环形法缠绕数匝固定，然后按绷带的宽度做间隔的斜着上缠或下缠绕即成。

绷带蛇形法

3. 绷带螺旋法

多用在粗细差不多的地方。方法是：先按环形法缠绕数圈固定，然后上缠每圈盖住前圈的 1/3 或 2/3 成螺旋形。

绷带螺旋法

4. 三角巾头部包扎

先把三角巾基底折叠放于前额，两边拉到脑后与基底先做一半结，然后绕至前额做结固定。

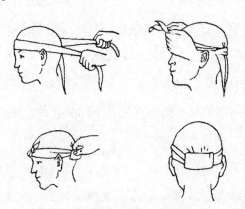

三角巾头部包扎

5.三角巾风帽式包扎

将三角巾顶角和底边各打一结，即成风帽状。

在包扎头面部时，将顶角结放于前额，底边结放在后脑勺下方，包住头部，两角往面部拉紧，向外反折包绕下颌，然后拉到枕后打结即成。

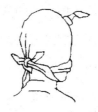

三角巾风帽式包扎

6.胸部包扎

如右胸受伤，将三角巾顶角放在右面肩上，将底边扯到背后在右面打结，然后再将右角拉到肩部，与顶角打结。

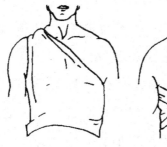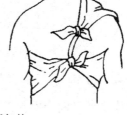

胸部包扎

7.背部包扎

与胸部包扎的方法一样，只是位置相反，结打在胸部。

8.手、足的包扎

将手、足放在三角巾上，顶角在前拉在手、足的背上，然后将底边缠绕，打结固定。

9.手臂的悬吊

如上肢骨折需要悬吊固定，可用三角巾吊臂。悬吊方法是：将患肢成屈肘状放在三角巾上，然后将底边一角绕过肩部，在背后打结即成悬臂状。

在外伤急救现场，不能只顾包扎表面看得到的伤口而忽略其他内在的损伤。同样是肢体上的伤口，有没有合并骨折，其包扎的方法就有所不同：有骨折时，包扎应考虑到骨折部位的正确固定；同样是躯体上的伤口，如果合并内部脏器的损伤，如肝破裂、腹腔内出血、血胸等，则应优先考虑内脏损伤的救治，不能在表面伤口的包扎上耽误时间；同样是头部的伤口，如合并了颅脑损伤，不是简单的包扎止血就完事了，还需要加强监护。对于头部受撞击的患者，即使自觉良好，也需观察 24 小时。如出现头胀、头痛加重，甚至恶心、呕吐，则表明存在颅内损伤，需要紧急救治。

十二、如何对骨折的人进行快速安全的现场急救

骨折就是指由于外伤或病理等原因致使骨头或骨头的结构完全或部分断裂。多见于儿童及老年人，中青年也时有发生；青少年因其生理特点和生活习惯，较易发生骨折现象。常见为一个部位骨折，少数为多发性骨折。骨折后经及时恰当处理，多数人能恢复原来的功能。

识别骨折的方法很简单：一是受伤部位出现形态异常，如肢体缩短、扭转、弯曲等，或出现不正常的运动；二是骨折处疼痛、肿胀、淤血，受伤肢体不能活动；三是伤员活动时有时局部可听到骨头摩擦声。

上述情况都是骨折的典型特征。在此基础上，无皮肤破损者称为闭合性骨折；断骨的尖端穿出皮肤，或伤口使骨折处与外界相通者，称为开放性骨折。

为最大限度地减轻伤害，骨折现场急救应遵循一定的原则。

骨折现场急救的首要原则是抢救生命。如发现伤员心跳、呼吸已经停止或濒于停止，应立即进行胸外心脏按压和人工呼吸；昏迷病人应保持其呼吸道通畅，及时清除其口咽部异物；处理危及生命的情况。

开放性骨折伤员伤口处可有大量出血，一般可用敷料加压包扎止血。严

重出血者使用止血带止血，应记录开始的时间和所用的压力。伤口立即用消毒纱布或干净布包扎伤口，以防伤口继续被污染。伤口表面的异物要取掉，若骨折端已戳出伤口并已污染，但未压迫血管神经，不应立即复位，以免污染深层组织。可待清创术后，再行复位。

固定是骨折急救处理时的重要措施，其主要目的是：避免骨折端在搬运过程中对周围重要组织，如血管、神经、内脏等损伤；减少骨折端的活动，减轻患者疼痛；便于运送。

骨折固定所用的夹板的长短、宽窄，应根据骨折部位的需要来决定。长度须超过折断的骨头；夹板或木棍、竹枝等代用品在使用时，要包上棉花、布块等，以免夹伤皮肤。

发现骨折，先用手握住折骨两端，轻巧地顺着骨头牵拉，避免断端互相交叉，然后再上夹板。

一般来说，骨折固定要做超关节固定，即先固定骨折的两个断端，再固定其上下两个关节。

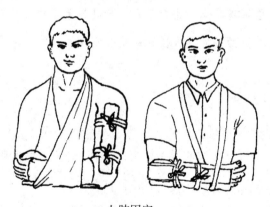

上肢固定
（左：上臂固定；右：前臂固定）

绑好夹板后，要注意是否牢固，松紧是否适宜。四肢固定要露出指趾尖，便于观察血液循环。如出现苍白、发凉、青紫、麻木等现象，说明固定太紧，应重新固定。

骨折现场急救时的固定是暂时的,因此,应力求简单而有效,不要求对骨折准确复位;开放性骨折有骨端外露者更不宜复位,而应原位固定。急救现场可就地取材,如木棍、板条、树枝、手杖或硬纸板等都可作为固定材料,其长短以固定住骨折处上下两个关节为准。如找不到固定的硬物,也可用布带直接将伤肢绑在身上,骨折的上肢可固定在胸壁上,使前臂悬于胸前;骨折的下肢可同健肢固定在一起。

骨折后,强烈的疼痛刺激可引起休克,因此应给予必要的止痛药。这最好在医生的协助或指导下进行。

经以上现场救护后,应将伤员迅速、安全地转运到医院救治。转运途中要注意动作轻稳,防止振动和碰坏伤肢,以减少伤员的疼痛。

 实践与思考 ⋯⋯⋯⋯⋯⋯⋯⋯⋯⋯⋯⋯⋯⋯

问题与思考

(1)为什么说提高自救互救能力是非常重要的?

(2)对于基层防震减灾工作者来说,开展救援工作应该特别注意什么?

(3)你认为学习哪些应急救援知识是非常重要的?你准备通过怎样的途径来学习?

阅读建议

(1)如果有条件,建议阅读《避灾自救手册:地震》(中国社会出版社,2005年9月出版)、《地震灾害自救、互救、防疫》(人民出版社,2008年5月出版)、《公民自救手册:面对地震的自救与互救》(中国人民公安大学出版社,2008年7月出版)、《现场急救课程》(中国人民解放军出版社,2007年7月)、《地震急救常识图解》(甘肃科学技术出版社,2011年8月出版)等书籍。

(2)建议经常登陆中国地震应急搜救中心(http://www.nerss.cn/)和中国红十字会(http://www.redcross.org.cn/hhzh/)等官方网站,了解应急救援的信息和知识,以便突发事件发生时更好地采取自救互救方法。

实践和探索

（1）如果有条件，建议参观中国国家地震紧急救援训练基地等专业培训机构，并接受培训，实地演练，掌握自救互救技能。

（2）从平时做起，建立邻里互助的协作机制——尤其是在发生火灾、地震，出现伤员时如何互助，并利用防灾减灾日的时机，组织居民进行训练和演习，使社区居民了解和掌握积极避险、自救互救的技能，熟悉紧急疏散的路线、地点，切实提高应急处置能力。

第七章

"三网一员"应了解的法律法规、规章和规定

> 依法行政是行政管理为人民服务的切实保障，也是社会稳定、经济发展、国家长治久安的必要保证。防御与减轻地震灾害关系到全社会，上至中央，下到地方，必须协调行动。防震减灾不仅涉及到政府，也涉及到社会各种组织，同时也涉及到每个公民个人。作为基层防震减灾工作者，只有充分了解法律法规、规章和规定，才能保证有序地开展各种防震减灾工作和活动，更加有效地调整各种社会关系，依法保护人民生命和财产安全，促进社会的和谐与安宁。

一、《中华人民共和国防震减灾法》

中华人民共和国主席令

（第七号）

《中华人民共和国防震减灾法》已由中华人民共和国第十一届全国人民代表大会常务委员会第六次会议于 2008 年 12 月 27 日修订通过，现将修订后的《中华人民共和国防震减灾法》公布，自 2009 年 5 月 1 日起施行。

中华人民共和国主席　胡锦涛

二〇〇八年十二月二十七日

中华人民共和国防震减灾法

（1997 年 12 月 29 日第八届全国人民代表大会常务委员会第二十九次会议通过；2008 年 12 月 27 日第十一届全国人民代表大会常务委员会第六次会议修订）

第一章　总　则

第一条　为了防御和减轻地震灾害，保护人民生命和财产安全，促进经济社会的可持续发展，制定本法。

第二条　在中华人民共和国领域和中华人民共和国管辖的其他海域从事地震监测预报、地震灾害预防、地震应急救援、地震灾后过渡性安置和恢复重建等防震减灾活动，适用本法。

第三条　防震减灾工作，实行预防为主、防御与救助相结合的方针。

第四条　县级以上人民政府应当加强对防震减灾工作的领导，将防震减灾工作纳入本级国民经济和社会发展规划，所需经费列入财政预算。

第五条　在国务院的领导下，国务院地震工作主管部门和国务院经济综合宏观调控、建设、民政、卫生、公安以及其他有关部门，按照职责分工，各负其责，密切配合，共同做好防震减灾工作。

县级以上地方人民政府负责管理地震工作的部门或者机构和其他有关部门在本级人民政府领导下，按照职责分工，各负其责，密切配合，共同做好本行政区域的防震减灾工作。

第六条　国务院抗震救灾指挥机构负责统一领导、指挥和协调全国抗震救灾工作。县级以上地方人民政府抗震救灾指挥机构负责统一领导、指挥和协调本行政区域的抗震救灾工作。

国务院地震工作主管部门和县级以上地方人民政府负责管理地震工作的部门或者机构，承担本级人民政府抗震救灾指挥机构的日常工作。

第七条　各级人民政府应当组织开展防震减灾知识的宣传教育，增强公民的防震减灾意识，提高全社会的防震减灾能力。

第八条　任何单位和个人都有依法参加防震减灾活动的义务。

国家鼓励、引导社会组织和个人开展地震群测群防活动，对地震进行监测和预防。

国家鼓励、引导志愿者参加防震减灾活动。

第九条　中国人民解放军、中国人民武装警察部队和民兵组织，依照本法以及其他有关法律、行政法规、军事法规的规定和国务院、中央军事委员会的命令，执行抗震救灾任务，保护人民生命和财产安全。

第十条　从事防震减灾活动，应当遵守国家有关防震减灾标准。

第十一条　国家鼓励、支持防震减灾的科学技术研究，逐步提高防震减灾科学技术研究经费投入，推广先进的科学研究成果，加强国际合作与交流，提高防震减灾工作水平。

对在防震减灾工作中做出突出贡献的单位和个人，按照国家有关规定给予表彰和奖励。

第二章　防震减灾规划

第十二条　国务院地震工作主管部门会同国务院有关部门组织编制国家防震减灾规划，报国务院批准后组织实施。

县级以上地方人民政府负责管理地震工作的部门或者机构会同同级有关部门，根据上一级防震减灾规划和本行政区域的实际情况，组织编制本行政区域的防震减灾规划，报本级人民政府批准后组织实施，并报上一级人民政府负责管理地震工作的部门或者机构备案。

第十三条　编制防震减灾规划，应当遵循统筹安排、突出重点、合理布局、全面预防的原则，以震情和震害预测结果为依据，并充分考虑人民生命和财产安全及经济社会发展、资源环境保护等需要。

县级以上地方人民政府有关部门应当根据编制防震减灾规划的需要，及时提供有关资料。

第十四条 防震减灾规划的内容应当包括：震情形势和防震减灾总体目标，地震监测台网建设布局，地震灾害预防措施，地震应急救援措施，以及防震减灾技术、信息、资金、物资等保障措施。

编制防震减灾规划，应当对地震重点监视防御区的地震监测台网建设、震情跟踪、地震灾害预防措施、地震应急准备、防震减灾知识宣传教育等做出具体安排。

第十五条 防震减灾规划报送审批前，组织编制机关应当征求有关部门、单位、专家和公众的意见。

防震减灾规划报送审批文件中应当附具意见采纳情况及理由。

第十六条 防震减灾规划一经批准公布，应当严格执行；因震情形势变化和经济社会发展的需要确需修改的，应当按照原审批程序报送审批。

第三章 地震监测预报

第十七条 国家加强地震监测预报工作，建立多学科地震监测系统，逐步提高地震监测预报水平。

第十八条 国家对地震监测台网实行统一规划，分级、分类管理。

国务院地震工作主管部门和县级以上地方人民政府负责管理地震工作的部门或者机构，按照国务院有关规定，制定地震监测台网规划。

全国地震监测台网由国家级地震监测台网、省级地震监测台网和市、县级地震监测台网组成，其建设资金和运行经费列入财政预算。

第十九条 水库、油田、核电站等重大建设工程的建设单位，应当按照国务院有关规定，建设专用地震监测台网或者强震动监测设施，其建设资金和运行经费由建设单位承担。

第二十条 地震监测台网的建设，应当遵守法律、法规和国家有关标准，保证建设质量。

第二十一条　地震监测台网不得擅自中止或者终止运行。

检测、传递、分析、处理、存贮、报送地震监测信息的单位，应当保证地震监测信息的质量和安全。

县级以上地方人民政府应当组织相关单位为地震监测台网的运行提供通信、交通、电力等保障条件。

第二十二条　沿海县级以上地方人民政府负责管理地震工作的部门或者机构，应当加强海域地震活动监测预测工作。海域地震发生后，县级以上地方人民政府负责管理地震工作的部门或者机构，应当及时向海洋主管部门和当地海事管理机构等通报情况。

火山所在地的县级以上地方人民政府负责管理地震工作的部门或者机构，应当利用地震监测设施和技术手段，加强火山活动监测预测工作。

第二十三条　国家依法保护地震监测设施和地震观测环境。

任何单位和个人不得侵占、毁损、拆除或者擅自移动地震监测设施。地震监测设施遭到破坏的，县级以上地方人民政府负责管理地震工作的部门或者机构应当采取紧急措施组织修复，确保地震监测设施正常运行。

任何单位和个人不得危害地震观测环境。国务院地震工作主管部门和县级以上地方人民政府负责管理地震工作的部门或者机构会同同级有关部门，按照国务院有关规定划定地震观测环境保护范围，并纳入土地利用总体规划和城乡规划。

第二十四条　新建、扩建、改建建设工程，应当避免对地震监测设施和地震观测环境造成危害。建设国家重点工程，确实无法避免对地震监测设施和地震观测环境造成危害的，建设单位应当按照县级以上地方人民政府负责管理地震工作的部门或者机构的要求，增建抗干扰设施；不能增建抗干扰设施的，应当新建地震监测设施。

对地震观测环境保护范围内的建设工程项目，城乡规划主管部门在依法核发选址意见书时，应当征求负责管理地震工作的部门或者机构的意见；不需要核发选址意见书的，城乡规划主管部门在依法核发建设用地规划许可证或者乡村建设规划许可证时，应当征求负责管理地震工作的部门或者机构的意见。

第二十五条 国务院地震工作主管部门建立健全地震监测信息共享平台，为社会提供服务。

县级以上地方人民政府负责管理地震工作的部门或者机构，应当将地震监测信息及时报送上一级人民政府负责管理地震工作的部门或者机构。

专用地震监测台网和强震动监测设施的管理单位，应当将地震监测信息及时报送所在地省、自治区、直辖市人民政府负责管理地震工作的部门或者机构。

第二十六条 国务院地震工作主管部门和县级以上地方人民政府负责管理地震工作的部门或者机构，根据地震监测信息研究结果，对可能发生地震的地点、时间和震级做出预测。

其他单位和个人通过研究提出的地震预测意见，应当向所在地或者所预测地的县级以上地方人民政府负责管理地震工作的部门或者机构书面报告，或者直接向国务院地震工作主管部门书面报告。收到书面报告的部门或者机构应当进行登记并出具接收凭证。

第二十七条 观测到可能与地震有关的异常现象的单位和个人，可以向所在地县级以上地方人民政府负责管理地震工作的部门或者机构报告，也可以直接向国务院地震工作主管部门报告。

国务院地震工作主管部门和县级以上地方人民政府负责管理地震工作的部门或者机构接到报告后，应当进行登记并及时组织调查核实。

第二十八条 国务院地震工作主管部门和省、自治区、直辖市人民政府负责管理地震工作的部门或者机构，应当组织召开震情会商会，必要时邀请有关部门、专家和其他有关人员参加，对地震预测意见和可能与地震有关的异常现象进行综合分析研究，形成震情会商意见，报本级人民政府；经震情会商形成地震预报意见的，在报本级人民政府前，应当进行评审，做出评审结果，并提出对策建议。

第二十九条　国家对地震预报意见实行统一发布制度。

全国范围内的地震长期和中期预报意见，由国务院发布。省、自治区、直辖市行政区域内的地震预报意见，由省、自治区、直辖市人民政府按照国务院规定的程序发布。

除发表本人或者本单位对长期、中期地震活动趋势的研究成果及进行相关学术交流外，任何单位和个人不得向社会散布地震预测意见。任何单位和个人不得向社会散布地震预报意见及其评审结果。

第三十条　国务院地震工作主管部门根据地震活动趋势和震害预测结果，提出确定地震重点监视防御区的意见，报国务院批准。

国务院地震工作主管部门应当加强地震重点监视防御区的震情跟踪，对地震活动趋势进行分析评估，提出年度防震减灾工作意见，报国务院批准后实施。

地震重点监视防御区的县级以上地方人民政府应当根据年度防震减灾工作意见和当地的地震活动趋势，组织有关部门加强防震减灾工作。

地震重点监视防御区的县级以上地方人民政府负责管理地震工作的部门或者机构，应当增加地震监测台网密度，组织做好震情跟踪、流动观测和可能与地震有关的异常现象观测以及群测群防工作，并及时将有关情况报上一级人民政府负责管理地震工作的部门或者机构。

第三十一条　国家支持全国地震烈度速报系统的建设。

地震灾害发生后，国务院地震工作主管部门应当通过全国地震烈度速报系统快速判断致灾程度，为指挥抗震救灾工作提供依据。

第三十二条　国务院地震工作主管部门和县级以上地方人民政府负责管理地震工作的部门或者机构，应当对发生地震灾害的区域加强地震监测，在地震现场设立流动观测点，根据震情的发展变化，及时对地震活动趋势做出分析、判定，为余震防范工作提供依据。

国务院地震工作主管部门和县级以上地方人民政府负责管理地震工作的部门或者机构、地震监测台网的管理单位，应当及时收集、保存有关地震的资料和信息，并建立完整的档案。

第三十三条　外国的组织或者个人在中华人民共和国领域和中华人民共和国管辖的其他海域从事地震监测活动，必须经国务院地震工作主管部门会同有关部门批准，并采取与中华人民共和国有关部门或者单位合作的形式进行。

第四章　地震灾害预防

第三十四条　国务院地震工作主管部门负责制定全国地震烈度区划图或者地震动参数区划图。

国务院地震工作主管部门和省、自治区、直辖市人民政府负责管理地震工作的部门或者机构，负责审定建设工程的地震安全性评价报告，确定抗震设防要求。

第三十五条　新建、扩建、改建建设工程，应当达到抗震设防要求。

重大建设工程和可能发生严重次生灾害的建设工程，应当按照国务院有关规定进行地震安全性评价，并按照经审定的地震安全性评价报告所确定的抗震设防要求进行抗震设防。建设工程的地震安全性评价单位应当按照国家有关标准进行地震安全性评价，并对地震安全性评价报告的质量负责。

前款规定以外的建设工程，应当按照地震烈度区划图或者地震动参数区划图所确定的抗震设防要求进行抗震设防；对学校、医院等人员密集场所的建设工程，应当按照高于当地房屋建筑的抗震设防要求进行设计和施工，采取有效措施，增强抗震设防能力。

第三十六条　有关建设工程的强制性标准，应当与抗震设防要求相衔接。

第三十七条　国家鼓励城市人民政府组织制定地震小区划图。地震小区划图由国务院地震工作主管部门负责审定。

第三十八条　建设单位对建设工程的抗震设计、施工的全过程负责。

设计单位应当按照抗震设防要求和工程建设强制性标准进行抗震设计，并对抗震设计的质量以及出具的施工图设计文件的准确性负责。

施工单位应当按照施工图设计文件和工程建设强制性标准进行施工，并对施工质量负责。

建设单位、施工单位应当选用符合施工图设计文件和国家有关标准规定的材料、构配件和设备。

工程监理单位应当按照施工图设计文件和工程建设强制性标准实施监理，并对施工质量承担监理责任。

第三十九条　已经建成的下列建设工程，未采取抗震设防措施或者抗震设防措施未达到抗震设防要求的，应当按照国家有关规定进行抗震性能鉴定，并采取必要的抗震加固措施：

（一）重大建设工程；

（二）可能发生严重次生灾害的建设工程；

（三）具有重大历史、科学、艺术价值或者重要纪念意义的建设工程；

（四）学校、医院等人员密集场所的建设工程；

（五）地震重点监视防御区内的建设工程。

第四十条　县级以上地方人民政府应当加强对农村村民住宅和乡村公共设施抗震设防的管理，组织开展农村实用抗震技术的研究和开发，推广达到抗震设防要求、经济适用、具有当地特色的建筑设计和施工技术，培训相关技术人员，建设示范工程，逐步提高农村村民住宅和乡村公共设施的抗震设防水平。

国家对需要抗震设防的农村村民住宅和乡村公共设施给予必要支持。

第四十一条　城乡规划应当根据地震应急避难的需要，合理确定应急疏散通道和应急避难场所，统筹安排地震应急避难所必需的交通、供水、供电、排污等基础设施建设。

第四十二条 地震重点监视防御区的县级以上地方人民政府应当根据实际需要，在本级财政预算和物资储备中安排抗震救灾资金、物资。

第四十三条 国家鼓励、支持研究开发和推广使用符合抗震设防要求、经济实用的新技术、新工艺、新材料。

第四十四条 县级人民政府及其有关部门和乡、镇人民政府、城市街道办事处等基层组织，应当组织开展地震应急知识的宣传普及活动和必要的地震应急救援演练，提高公民在地震灾害中自救互救的能力。

机关、团体、企业、事业等单位，应当按照所在地人民政府的要求，结合各自实际情况，加强对本单位人员的地震应急知识宣传教育，开展地震应急救援演练。

学校应当进行地震应急知识教育，组织开展必要的地震应急救援演练，培养学生的安全意识和自救互救能力。

新闻媒体应当开展地震灾害预防和应急、自救互救知识的公益宣传。

国务院地震工作主管部门和县级以上地方人民政府负责管理地震工作的部门或者机构，应当指导、协助、督促有关单位做好防震减灾知识的宣传教育和地震应急救援演练等工作。

第四十五条 国家发展有财政支持的地震灾害保险事业，鼓励单位和个人参加地震灾害保险。

第五章 地震应急救援

第四十六条 国务院地震工作主管部门会同国务院有关部门制定国家地震应急预案，报国务院批准。国务院有关部门根据国家地震应急预案，制定本部门的地震应急预案，报国务院地震工作主管部门备案。

县级以上地方人民政府及其有关部门和乡、镇人民政府，应当根据有关法律、法规、规章、上级人民政府及其有关部门的地震应急预案和本行政区域的实际情况，制定本行政区域的地震应急预案和本部门的地震应急预案。省、自治区、直辖市和较大的市的地震应急预案，应当报国务院地震工作主管部门备案。

交通、铁路、水利、电力、通信等基础设施和学校、医院等人员密集场所的经营管理单位，以及可能发生次生灾害的核电、矿山、危险物品等生产经营单位，应当制定地震应急预案，并报所在地的县级人民政府负责管理地震工作的部门或者机构备案。

第四十七条　地震应急预案的内容应当包括：组织指挥体系及其职责，预防和预警机制，处置程序，应急响应和应急保障措施等。

地震应急预案应当根据实际情况适时修订。

第四十八条　地震预报意见发布后，有关省、自治区、直辖市人民政府根据预报的震情可以宣布有关区域进入临震应急期；有关地方人民政府应当按照地震应急预案，组织有关部门做好应急防范和抗震救灾准备工作。

第四十九条　按照社会危害程度、影响范围等因素，地震灾害分为一般、较大、重大和特别重大四级。具体分级标准按照国务院规定执行。

一般或者较大地震灾害发生后，地震发生地的市、县人民政府负责组织有关部门启动地震应急预案；重大地震灾害发生后，地震发生地的省、自治区、直辖市人民政府负责组织有关部门启动地震应急预案；特别重大地震灾害发生后，国务院负责组织有关部门启动地震应急预案。

第五十条　地震灾害发生后，抗震救灾指挥机构应当立即组织有关部门和单位迅速查清受灾情况，提出地震应急救援力量的配置方案，并采取以下紧急措施：

（一）迅速组织抢救被压埋人员，并组织有关单位和人员开展自救互救；

（二）迅速组织实施紧急医疗救护，协调伤员转移和接收与救治；

（三）迅速组织抢修毁损的交通、铁路、水利、电力、通信等基础设施；

（四）启用应急避难场所或者设置临时避难场所，设置救济物资供应点，提供救济物品、简易住所和临时住所，及时转移和安置受灾群众，确保饮用水消毒和水质安全，积极开展卫生防疫，妥善安排受灾群众生活；

（五）迅速控制危险源，封锁危险场所，做好次生灾害的排查与监测预警工作，防范地震可能引发的火灾、水灾、爆炸、山体滑坡和崩塌、泥石流、地面塌陷，或者剧毒、强腐蚀性、放射性物质大量泄漏等次生灾害以及传染病疫情的发生；

（六）依法采取维持社会秩序、维护社会治安的必要措施。

第五十一条　特别重大地震灾害发生后，国务院抗震救灾指挥机构在地震灾区成立现场指挥机构，并根据需要设立相应的工作组，统一组织领导、指挥和协调抗震救灾工作。

各级人民政府及有关部门和单位、中国人民解放军、中国人民武装警察部队和民兵组织，应当按照统一部署，分工负责，密切配合，共同做好地震应急救援工作。

第五十二条　地震灾区的县级以上地方人民政府应当及时将地震震情和灾情等信息向上一级人民政府报告，必要时可以越级上报，不得迟报、谎报、瞒报。

地震震情、灾情和抗震救灾等信息按照国务院有关规定实行归口管理，统一、准确、及时发布。

第五十三条　国家鼓励、扶持地震应急救援新技术和装备的研究开发，调运和储备必要的应急救援设施、装备，提高应急救援水平。

第五十四条　国务院建立国家地震灾害紧急救援队伍。

省、自治区、直辖市人民政府和地震重点监视防御区的市、县人民政府可以根据实际需要，充分利用消防等现有队伍，按照一队多用、专职与兼职相结合的原则，建立地震灾害紧急救援队伍。

地震灾害紧急救援队伍应当配备相应的装备、器材，开展培训和演练，提高地震灾害紧急救援能力。

地震灾害紧急救援队伍在实施救援时，应当首先对倒塌建筑物、构筑物压埋人员进行紧急救援。

第五十五条 县级以上人民政府有关部门应当按照职责分工，协调配合，采取有效措施，保障地震灾害紧急救援队伍和医疗救治队伍快速、高效地开展地震灾害紧急救援活动。

第五十六条 县级以上地方人民政府及其有关部门可以建立地震灾害救援志愿者队伍，并组织开展地震应急救援知识培训和演练，使志愿者掌握必要的地震应急救援技能，增强地震灾害应急救援能力。

第五十七条 国务院地震工作主管部门会同有关部门和单位，组织协调外国救援队和医疗队在中华人民共和国开展地震灾害紧急救援活动。

国务院抗震救灾指挥机构负责外国救援队和医疗队的统筹调度，并根据其专业特长，科学、合理地安排紧急救援任务。

地震灾区的地方各级人民政府，应当对外国救援队和医疗队开展紧急救援活动予以支持和配合。

第六章 地震灾后过渡性安置和恢复重建

第五十八条 国务院或者地震灾区的省、自治区、直辖市人民政府应当及时组织对地震灾害损失进行调查评估，为地震应急救援、灾后过渡性安置和恢复重建提供依据。

地震灾害损失调查评估的具体工作，由国务院地震工作主管部门或者地震灾区的省、自治区、直辖市人民政府负责管理地震工作的部门或者机构和财政、建设、民政等有关部门按照国务院的规定承担。

第五十九条 地震灾区受灾群众需要过渡性安置的，应当根据地震灾区的实际情况，在确保安全的前提下，采取灵活多样的方式进行安置。

第六十条 过渡性安置点应当设置在交通条件便利、方便受灾群众恢复生产和生活的区域，并避开地震活动断层和可能发生严重次生灾害的区域。

过渡性安置点的规模应当适度，并采取相应的防灾、防疫措施，配套建设必要的基础设施和公共服务设施，确保受灾群众的安全和基本生活需要。

第六十一条 实施过渡性安置应当尽量保护农用地，并避免对自然保护区、饮用水水源保护区以及生态脆弱区域造成破坏。

过渡性安置用地按照临时用地安排，可以先行使用，事后依法办理有关用地手续；到期未转为永久性用地的，应当复垦后交还原土地使用者。

第六十二条 过渡性安置点所在地的县级人民政府，应当组织有关部门加强对次生灾害、饮用水水质、食品卫生、疫情等的监测，开展流行病学调查，整治环境卫生，避免对土壤、水环境等造成污染。

过渡性安置点所在地的公安机关，应当加强治安管理，依法打击各种违法犯罪行为，维护正常的社会秩序。

第六十三条 地震灾区的县级以上地方人民政府及其有关部门和乡、镇人民政府，应当及时组织修复毁损的农业生产设施，提供农业生产技术指导，尽快恢复农业生产；优先恢复供电、供水、供气等企业的生产，并对大型骨干企业恢复生产提供支持，为全面恢复农业、工业、服务业生产经营提供条件。

第六十四条 各级人民政府应当加强对地震灾后恢复重建工作的领导、组织和协调。

县级以上人民政府有关部门应当在本级人民政府领导下，按照职责分工，密切配合，采取有效措施，共同做好地震灾后恢复重建工作。

第六十五条 国务院有关部门应当组织有关专家开展地震活动对相关建设工程破坏机理的调查评估，为修订完善有关建设工程的强制性标准、采取抗震设防措施提供科学依据。

第六十六条 特别重大地震灾害发生后，国务院经济综合宏观调控部门会同国务院有关部门与地震灾区的省、自治区、直辖市人民政府共同组织编制地震灾后恢复重建规划,报国务院批准后组织实施;重大、较大、一般地震灾害发生后,由地震灾区的省、自治区、直辖市人民政府根据实际需要组织编制地震灾后恢复重建规划。

地震灾害损失调查评估获得的地质、勘察、测绘、土地、气象、水文、环境等基础资料和经国务院地震工作主管部门复核的地震动参数区划图,应当作为编制地震灾后恢复重建规划的依据。

编制地震灾后恢复重建规划,应当征求有关部门、单位、专家和公众特别是地震灾区受灾群众的意见;重大事项应当组织有关专家进行专题论证。

第六十七条 地震灾后恢复重建规划应当根据地质条件和地震活动断层分布以及资源环境承载能力,重点对城镇和乡村的布局、基础设施和公共服务设施的建设、防灾减灾和生态环境以及自然资源和历史文化遗产保护等做出安排。

地震灾区内需要异地新建的城镇和乡村的选址以及地震灾后重建工程的选址,应当符合地震灾后恢复重建规划和抗震设防、防灾减灾要求,避开地震活动断层或者生态脆弱和可能发生洪水、山体滑坡和崩塌、泥石流、地面塌陷等灾害的区域以及传染病自然疫源地。

第六十八条 地震灾区的地方各级人民政府应当根据地震灾后恢复重建规划和当地经济社会发展水平,有计划、分步骤地组织实施地震灾后恢复重建。

第六十九条 地震灾区的县级以上地方人民政府应当组织有关部门和专家,根据地震灾害损失调查评估结果,制定清理保护方案,明确典型地震遗址、遗迹和文物保护单位以及具有历史价值与民族特色的建筑物、构筑物的保护范围和措施。

对地震灾害现场的清理,按照清理保护方案分区、分类进行,并依照法律、行政法规和国家有关规定,妥善清理、转运和处置有关放射性物质、危险废物和有毒化学品,开展防疫工作,防止传染病和重大动物疫情的发生。

第七十条 地震灾后恢复重建,应当统筹安排交通、铁路、水利、电力、通信、供水、供电等基础设施和市政公用设施，学校、医院、文化、商贸服务、防灾减灾、环境保护等公共服务设施，以及住房和无障碍设施的建设，合理确定建设规模和时序。

乡村的地震灾后恢复重建，应当尊重村民意愿，发挥村民自治组织的作用，以群众自建为主，政府补助、社会帮扶、对口支援，因地制宜，节约和集约利用土地，保护耕地。

少数民族聚居的地方的地震灾后恢复重建，应当尊重当地群众的意愿。

第七十一条 地震灾区的县级以上地方人民政府应当组织有关部门和单位，抢救、保护与收集整理有关档案、资料，对因地震灾害遗失、毁损的档案、资料，及时补充和恢复。

第七十二条 地震灾后恢复重建应当坚持政府主导、社会参与和市场运作相结合的原则。

地震灾区的地方各级人民政府应当组织受灾群众和企业开展生产自救、自力更生、艰苦奋斗、勤俭节约，尽快恢复生产。

国家对地震灾后恢复重建给予财政支持、税收优惠和金融扶持，并提供物资、技术和人力等支持。

第七十三条 地震灾区的地方各级人民政府应当组织做好救助、救治、康复、补偿、抚慰、抚恤、安置、心理援助、法律服务、公共文化服务等工作。

各级人民政府及有关部门应当做好受灾群众的就业工作，鼓励企业、事业单位优先吸纳符合条件的受灾群众就业。

第七十四条 对地震灾后恢复重建中需要办理行政审批手续的事项，有审批权的人民政府及有关部门应当按照方便群众、简化手续、提高效率的原则，依法及时予以办理。

第七章 监督管理

第七十五条 县级以上人民政府依法加强对防震减灾规划和地震应急

预案的编制与实施、地震应急避难场所的设置与管理、地震灾害紧急救援队伍的培训、防震减灾知识宣传教育和地震应急救援演练等工作的监督检查。

县级以上人民政府有关部门应当加强对地震应急救援、地震灾后过渡性安置和恢复重建的物资的质量安全的监督检查。

第七十六条　县级以上人民政府建设、交通、铁路、水利、电力、地震等有关部门应当按照职责分工，加强对工程建设强制性标准、抗震设防要求执行情况和地震安全性评价工作的监督检查。

第七十七条　禁止侵占、截留、挪用地震应急救援、地震灾后过渡性安置和恢复重建的资金、物资。

县级以上人民政府有关部门对地震应急救援、地震灾后过渡性安置和恢复重建的资金、物资以及社会捐赠款物的使用情况，依法加强管理和监督，予以公布，并对资金、物资的筹集、分配、拨付、使用情况登记造册，建立健全档案。

第七十八条　地震灾区的地方人民政府应当定期公布地震应急救援、地震灾后过渡性安置和恢复重建的资金、物资以及社会捐赠款物的来源、数量、发放和使用情况，接受社会监督。

第七十九条　审计机关应当加强对地震应急救援、地震灾后过渡性安置和恢复重建的资金、物资的筹集、分配、拨付、使用的审计，并及时公布审计结果。

第八十条　监察机关应当加强对参与防震减灾工作的国家行政机关和法律、法规授权的具有管理公共事务职能的组织及其工作人员的监察。

第八十一条　任何单位和个人对防震减灾活动中的违法行为，有权进行举报。

接到举报的人民政府或者有关部门应当进行调查，依法处理，并为举报人保密。

第八章 法律责任

第八十二条 国务院地震工作主管部门、县级以上地方人民政府负责管理地震工作的部门或者机构,以及其他依照本法规定行使监督管理权的部门,不依法做出行政许可或者办理批准文件的,发现违法行为或者接到对违法行为的举报后不予查处的,或者有其他未依照本法规定履行职责的行为的,对直接负责的主管人员和其他直接责任人员,依法给予处分。

第八十三条 未按照法律、法规和国家有关标准进行地震监测台网建设的,由国务院地震工作主管部门或者县级以上地方人民政府负责管理地震工作的部门或者机构责令改正,采取相应的补救措施;对直接负责的主管人员和其他直接责任人员,依法给予处分。

第八十四条 违反本法规定,有下列行为之一的,由国务院地震工作主管部门或者县级以上地方人民政府负责管理地震工作的部门或者机构责令停止违法行为,恢复原状或者采取其他补救措施;造成损失的,依法承担赔偿责任:

(一)侵占、毁损、拆除或者擅自移动地震监测设施的;

(二)危害地震观测环境的;

(三)破坏典型地震遗址、遗迹的。

单位有前款所列违法行为,情节严重的,处二万元以上二十万元以下的罚款;个人有前款所列违法行为,情节严重的,处二千元以下的罚款。构成违反治安管理行为的,由公安机关依法给予处罚。

第八十五条 违反本法规定,未按照要求增建抗干扰设施或者新建地震监测设施的,由国务院地震工作主管部门或者县级以上地方人民政府负责管理地震工作的部门或者机构责令限期改正;逾期不改正的,处二万元以上二十万元以下的罚款;造成损失的,依法承担赔偿责任。

第八十六条 违反本法规定,外国的组织或者个人未经批准,在中华人民共和国领域和中华人民共和国管辖的其他海域从事地震监测活动的,由国务院地震工作主管部门责令停止违法行为，没收监测成果和监测设施，并处一万元以上十万元以下的罚款；情节严重的，并处十万元以上五十万元以下的罚款。

外国人有前款规定行为的，除依照前款规定处罚外，还应当依照外国人入境出境管理法律的规定缩短其在中华人民共和国停留的期限或者取消其在中华人民共和国居留的资格；情节严重的，限期出境或者驱逐出境。

第八十七条　未依法进行地震安全性评价，或者未按照地震安全性评价报告所确定的抗震设防要求进行抗震设防的，由国务院地震工作主管部门或者县级以上地方人民政府负责管理地震工作的部门或者机构责令限期改正；逾期不改正的，处三万元以上三十万元以下的罚款。

第八十八条　违反本法规定，向社会散布地震预测意见、地震预报意见及其评审结果，或者在地震灾后过渡性安置、地震灾后恢复重建中扰乱社会秩序，构成违反治安管理行为的，由公安机关依法给予处罚。

第八十九条　地震灾区的县级以上地方人民政府迟报、谎报、瞒报地震震情、灾情等信息的，由上级人民政府责令改正；对直接负责的主管人员和其他直接责任人员，依法给予处分。

第九十条　侵占、截留、挪用地震应急救援、地震灾后过渡性安置或者地震灾后恢复重建的资金、物资的，由财政部门、审计机关在各自职责范围内，责令改正，追回被侵占、截留、挪用的资金、物资；有违法所得的，没收违法所得；对单位给予警告或者通报批评；对直接负责的主管人员和其他直接责任人员，依法给予处分。

第九十一条　违反本法规定，构成犯罪的，依法追究刑事责任。

第九章　附　则

第九十二条　本法下列用语的含义：

（一）地震监测设施，是指用于地震信息检测、传输和处理的设备、仪器和装置以及配套的监测场地。

（二）地震观测环境，是指按照国家有关标准划定的保障地震监测设施不受干扰、能够正常发挥工作效能的空间范围。

（三）重大建设工程，是指对社会有重大价值或者有重大影响的工程。

（四）可能发生严重次生灾害的建设工程，是指受地震破坏后可能引发水灾、火灾、爆炸，或者剧毒、强腐蚀性、放射性物质大量泄漏，以及其他严重次生灾害的建设工程，包括水库大坝和贮油、贮气设施，贮存易燃易爆或者剧毒、强腐蚀性、放射性物质的设施，以及其他可能发生严重次生灾害的建设工程。

（五）地震烈度区划图，是指以地震烈度（以等级表示的地震影响强弱程度）为指标，将全国划分为不同抗震设防要求区域的图件。

（六）地震动参数区划图，是指以地震动参数（以加速度表示地震作用强弱程度）为指标，将全国划分为不同抗震设防要求区域的图件。

（七）地震小区划图，是指根据某一区域的具体场地条件，对该区域的抗震设防要求进行详细划分的图件。

第九十三条 本法自 2009 年 5 月 1 日起施行。

二、《地震群测群防工作大纲》

中国地震局关于印发《地震群测群防工作大纲》的通知

（中震发防［2005］26 号）

各省、自治区、直辖市地震局，新疆生产建设兵团地震局：

为了贯彻落实《国务院关于加强防震减灾工作的通知》（国发［2004］25号）精神，进一步指导和规范地震群测群防工作，中国地震局制定了《地震群测群防工作大纲》，现印发给你们。请结合本地区实际，认真贯彻执行。

地震群测群防工作是我国防震减灾工作的重要组成部分，在防御和减轻地震灾害中处于特殊的地位，起着十分重要的作用。特别在地震宏观测报方面，为我国多次地震实现成功短临预报起到了不可替代的作用。随着我国社会主义市场经济体制的确立，研究和探索新形势下群测群防工作的发展思路和政策保障措施，是各级地震部门的重要职责。为切实加强群测群防工作，积极推进"三网一员"建设，进一步动员全社会力量共同参与防震减灾行动，特别要求如下：

1. 各级地震部门要高度重视地震群测群防工作，根据《地震群测群防工作大纲》的要求，结合本地区实际，切实加强群测群防工作；

2. 省级地震部门要积极争取政府的财政支持，建立稳定的地震群测群防经费渠道；研究制订本地区加强群测群防工作的计划和措施，强化对市、县工作的指导，使群测群防工作逐步规范化、制度化；

3. 各市、县地震部门要抓紧制定本地区地震群测群防网络建设方案，制定群测群防工作管理办法，确定地震群测群防员岗位津贴发放标准，稳定工作队伍；

4. 各地区要总结地震群测群防工作的经验和做法，及时将群测群防工作的进展情况和存在问题，向中国地震局震害防御司报告。

特此通知

二〇〇五年二月十八日

地震群测群防工作大纲

一、总　则

（一）为指导和规范地震群测群防工作，制定本工作大纲。开展地震群测群防工作，应遵循本工作大纲的基本要求。

（二）地震群测群防工作是指非地震系统的公民和社会组织，依法从事的地震监测和地震灾害的防御行为。

（三）地震群测群防工作是防震减灾工作的重要组成部分，是建立健全防震减灾社会动员机制和社区自救互救体系的重要内容。

（四）地震群测群防工作包括地震宏观异常测报、地震灾情速报、防震减灾科普宣传、社区地震应急和乡（镇）民居抗震设防指导。

1. 地震宏观异常测报。

监视和收集地下水、气体、地声、地光、动（植）物气象气候等地震宏观异常现象，并及时向上级地震部门汇报。

2. 地震灾情速报。

震后及时收集灾情，随时向上级政府及地震部门报告。

3. 防震减灾科普宣传。

向社会公众宣传防震减灾法律法规、方针政策，普及防震减灾科学知识。

4. 社区地震应急平时指导社区群众做好地震应急的准备工作，临震、震后组织社区群众开展避震、自救互救和抢险工作。

5. 乡（镇）民居抗震设防指导、宣传房屋抗震知识，推广乡（镇）民居抗震设防标准图纸，指导乡（镇）民居抗震设防。

（五）地震群测群防工作应坚持预防为主、测防结合、平震结合的原则。

（六）各省、自治区、直辖市地震部内要根据社会主义市场经济条件下的新情况。研究制定本地区加强地震群测群防工作的政策措施，强化对市（县）工作的指导。

（七）市、县地震部门应制定本地区地震群测群防网络建设方案，负责对本行政区域内地震群测群防工作的组织和管理，制定和完善地震群测群防目标管理制度、培训制度和奖励制度，因地制宜，积极稳妥地做好地震群测群防工作。

二、地震群测群防工作网络建设

（一）市、县地震部门应根据本地区地震灾害环境背景，积极推进地震群测群防网络建设、建立相应的地震群测群防网络体系。在地震重点监视防御区和多震区，应全面开展地震宏观异常测报、地震灾情速报、防震减灾科普宣传和社区地震应急、乡（镇）民居抗震设防指导等工作。在少震、弱震地区，应重点开展防震减灾科普宣传、乡（镇）民居抗震设防指导工作。

（二）地震重点监视防御区和重点防御城市的社区，宜设立防震减灾联络员，建立志愿者队伍，开展防震减灾宣传和地震应急工作。

（三）地震重点监视防御区和多震地区的乡（镇），应设立防震减灾兼职助理员或联络员。

三、地震宏观异常测报

（一）地震宏观现象的观察与观测

地震宏观异常测报员应注意观察周围的事物和现象的变化，如生物、地下水、地形变、电磁、气象等，认识其正常的变化规律，了解造成这些变化的因素；在有条件的地方，可以开展一些简单的观测，并把观测结果进行记录。

（二）地震宏观异常的调查与核实

地震宏观异常测报员发现宏观异常后，应及时进行异常的调查核实。首先是调查出现异常本身是否可靠，其次是分析异常的原因；

调查人员应到现场访问有关人员，把握异常的真实性，必要时也可进行简单的测量、试验与分析；

在宏观异常的调查核实中，还要注意分析异常规模、出现的区域与时间等特征；

宏观异常调查核实后，可进行异常的识别，是否与未来的地震有关，即能否作为地震宏观异常。

（三）地震宏观异常的上报

经调查核实后的地震宏观异常现象应及时填写"地震宏观异常填报表"（附件）上报。

上报的方式一般应将填写的表格以尽可能快的形式报给市、县地震部门，对突然出现的、规模很大的、情况严重的异常，除了按规定填报以外，还应以电话、电报、传真、电子邮件等方式用最快的速度上报市、县地震部门，也可同时上报省级地震部门。

四、地震灾情速报

（一）地震灾情的观察和估计

地震发生后，地震灾情速报员观察所处环境及附近的房屋、景物的变化；根据观察结果结合人的感觉，对照《中国地震烈度表》中的三类基本标志性现象，粗略估计地震灾害程度。

（二）地震灾情的初次速报

速报员将地震灾情的初步观察结果应及时向市、县地震部门报告。

（三）地震灾情的调查

速报员在做出首次速报后，应尽快调查了解自己负责区域内的三类基本现象。调查重点是：

1. 人员的伤亡及分布等情况；

2. 建（构）筑物、重要设施设备的损毁情况，家庭财产损失，牲畜死伤情况；

3. 社会影响，包括群众情绪、生活秩序、工作秩序、生产秩序受影响情况等；

4. 地震造成的其他灾害现象。

（四）地震灾情的后续速报

将调查结果进行第二次速报；以后还应不断调查核实和补充新情况，尤其人员伤亡变化情况须随时上报。

五、防震减灾科普宣传

乡（镇）防震减灾兼职助理员或城市社区防震减灾联络员、村文书、中小学教师或课外地震科普兴趣小组等作为基层防震减灾宣传员，在市、县地震部门的指导下，承担对本乡（镇）、社区、学校、单位和周围人群的防震减灾科普宣传任务。

（一）宣传方式

1. 设立宣传橱窗、墙报；

2. 中、小学普通教育和课外兴趣活动的科普教育；

3. 举办防震减灾科普讲座；

4. 播放地震科普宣传声像资料片；

5. 组织各种形式的防震减灾知识竞赛；

6. 组织各种地震应急演练；

7. 利用互联网、"防震减灾知识咨询热线"、乡（镇）、社区广播站进行防震减灾宣传；

8. 散发地震科普图书、挂图、宣传页；

9. 利用科技周、"7·28"、国际减灾日等进行地震科普知识宣传。

（二）宣传内容

1. 平时宣传

我国及本地区地震环境和地震活动特点；地震基本科学知识；地震监测预报、震灾预防和应急与救援的有关知识；个人及社会防震减灾基本技能常识；建设工程抗震设防知识与措施；国家有关防震减灾的方针、政策和法律、法规；我国地震科学水平和防震减灾工作成就与现状。

2. 临震宣传

各级政府及政府部门地震应急预案，城市社区、乡（镇）村地震应急对策措施的主要内容与启动程序；地震监测预报的方法，现阶段地震预报科学水平；地震宏观异常现象的观察、识别和临震异常信息的上报；各类房屋建筑和生命线工程在不同强度地震下的震害特点与抗震防灾措施。社会公众地震应急避险与自救互救知识；地震灾情速报知识和速报渠道与程序；地震谣传的识别与预防知识；有关地震预报、地震应急的法律、法规知识。

3. 震后宣传

有关地震震级、灾情情况和震后趋势判定公告的内容；党和政府抗震救灾的对策措施；伤病员抢救转移的知识和方法；防止地震次生灾害的知识；震后恢复重建时场地选择及抗震设防要求方面的知识；有关识别和预防地震谣传的知识。

六、社区地震应急

（一）社区地震应急准备

1. 建立地震应急领导和指挥协调工作机制；

2. 制定地震应急预案。包括社区应急、邻里自救互救、人员疏散、人员密集场所疏导、重要目标岗位应急抢险抢修、家庭应急等；

3. 组织建立志愿者队伍。明确组织者、人员、职责、任务，并进行培训、训练和演练；

4. 指导社区居民掌握地震灾害自防、自救、互救基本知识，熟知附近的避难场所，并开展适当的演练；

5. 储备必需的应急救助工具、物品。

（二）临震应急措施

1. 社区迅速成立临震应急指挥机构，实施本社区的地震应急预案；

2. 密切关注震情变化，随时与上级地震部门联系，必要时可设立一些宏观异常观测点，及时向上级地震部门反映宏观信息；

3. 指导家庭贮存必要的食品、水、药品和手电筒等生活用品，加固住房或睡床，合理放置家具、物品等；

4. 根据政府和有关部门部署，组织居民避震疏散。

（三）震后应急措施

1. 迅速成立应急指挥机构，负责社区内的快速反应工作；

2. 迅速向政府报告灾情和紧急救助情况，尽快争取外界的支援；

3. 迅速组织志愿者队伍和居民开展救助，防止次生灾害的发生；

4. 尽快疏散居民，协助发放救援物品；

5. 协助公安部门维护社区秩序。

七、乡（镇）民居抗震设防

（一）宣传房屋抗震知识，包括乡（镇）民居震害和特点、抗震设防要求、房屋建造的抗震措施。

（二）推广适合本地特点的、具有抗震能力的民房标准图集。

（三）组织工匠学习房屋抗震知识，掌握抗震设防标准图纸，指导民房抗震设防工作，引导农民建造符合抗震设防要求的住房。

八、其　他

（一）本大纲由中国地震局震害防御司负责解释。

（二）本大纲自发布之日起施行。

三、《地震预报管理条例》

中华人民共和国国务院令

（第 255 号）

现发布《地震预报管理条例》，自发布之日起施行。

总　理　朱镕基

一九九八年十二月十七日

地震预报管理条例

第一章　总　则

第一条　为了加强对地震预报的管理，规范发布地震预报行为，根据《中华人民共和国防震减灾法》，制定本条例。

第二条 在中华人民共和国境内从事地震预报活动，必须遵守本条例。

第三条 地震预报包括下列类型：

（一）地震长期预报，是指对未来 10 年内可能发生破坏性地震的地域的预报；

（二）地震中期预报，是指对未来一二年内可能发生破坏性地震的地域和强度的预报；

（三）地震短期预报，是指对 3 个月内将要发生地震的时间、地点、震级的预报；

（四）临震预报，是指对 10 日内将要发生地震的时间、地点、震级的预报。

第四条 国家鼓励和扶持地震预报的科学技术研究，提高地震预报水平。对在地震预报工作中做出突出贡献或者显著成绩的单位和个人，给予奖励。

第二章 地震预报意见的形成

第五条 国务院地震工作主管部门和县级以上地方人民政府负责管理地震工作的机构，应当加强地震预测工作。

第六条 任何单位和个人根据地震观测资料和研究结果提出的地震预测意见，应当向所在地或者所预测地区的县级以上地方人民政府负责管理地震工作的机构书面报告，也可以直接向国务院地震工作主管部门书面报告，不得向社会散布。

任何单位和个人不得向国（境）外提出地震预测意见；但是，以长期、中期地震活动趋势研究成果进行学术交流的除外。

第七条 任何单位和个人观察到与地震有关的异常现象时，应当及时向所在地的县级以上地方人民政府负责管理地震工作的机构报告。

第八条 国务院地震工作主管部门和省、自治区、直辖市人民政府负责管理地震工作的机构应当组织召开地震震情会商会，对各种地震预测意见和与地震有关的异常现象进行综合分析研究，形成地震预报意见。

市、县人民政府负责管理地震工作的机构可以组织召开地震震情会商会，形成地震预报意见，向省、自治区、直辖市人民政府负责管理地震工作的机构报告。

第三章　地震预报意见的评审

第九条　地震预报意见实行评审制度。评审包括下列内容：

（一）地震预报意见的科学性、可能性；

（二）地震预报的发布形式；

（三）地震预报发布后可能产生的社会、经济影响。

第十条　国务院地震工作主管部门应当组织有关专家，对下列地震预报意见进行评审，并将评审结果报国务院：

（一）全国地震震情会商会形成的地震预报意见；

（二）省、自治区、直辖市地震震情会商会形成的可能发生严重破坏性地震的地震预报意见。

第十一条　省、自治区、直辖市人民政府负责管理地震工作的机构应当组织有关专家，对下列地震预报意见进行评审，并将评审结果向省、自治区、直辖市人民政府和国务院地震工作主管部门报告：

（一）本省、自治区、直辖市地震震情会商会形成的地震预报意见；

（二）市、县地震震情会商会形成的地震预报意见。

省、自治区、直辖市人民政府负责管理地震工作的机构，对可能发生严重破坏性地震的地震预报意见，应当先报经国务院地震工作主管部门评审后，再向本级人民政府报告。

第十二条　省、自治区、直辖市人民政府负责管理地震工作的机构，在震情跟踪会商中，根据明显临震异常形成的临震预报意见，在紧急情况下，可以不经评审，直接报本级人民政府，并报国务院地震工作主管部门。

第十三条　任何单位和个人不得向社会散布地震预报意见及其评审结果。

第四章 地震预报的发布

第十四条 国家对地震预报实行统一发布制度。

全国性的地震长期预报和地震中期预报，由国务院发布。

省、自治区、直辖市行政区域内的地震长期预报、地震中期预报、地震短期预报和临震预报，由省、自治区、直辖市人民政府发布。

新闻媒体刊登或者播发地震预报消息，必须依照本条例的规定，以国务院或者省、自治区、直辖市人民政府发布的地震预报为准。

第十五条 已经发布地震短期预报的地区，如果发现明显临震异常，在紧急情况下，当地市、县人民政府可以发布48小时之内的临震预报，并同时向省、自治区、直辖市人民政府及其负责管理地震工作的机构和国务院地震工作主管部门报告。

第十六条 地震短期预报和临震预报在发布预报的时域、地域内有效。预报期内未发生地震的，原发布机关应当做出撤销或者延期的决定，向社会公布，并妥善处理善后事宜。

第十七条 发生地震谣言，扰乱社会正常秩序时，国务院地震工作主管部门和县级以上地方人民政府负责管理地震工作的机构应当采取措施，迅速予以澄清，其他有关部门应当给予配合、协助。

第五章 法律责任

第十八条 从事地震工作的专业人员违反本条例规定，擅自向社会散布地震预测意见、地震预报意见及其评审结果的，依法给予行政处分。

第十九条 违反本条例规定，制造地震谣言，扰乱社会正常秩序的，依法给予治安管理处罚。

第二十条 违反本条例规定，向国（境）外提出地震预测意见的，由国务院地震工作主管部门给予警告，并可以由其所在单位根据造成的不同后果依法给予纪律处分。

第二十一条　从事地震工作的国家工作人员玩忽职守，构成犯罪的，依法追究刑事责任；尚不构成犯罪的，依法给予行政处分。

第六章　附　则

第二十二条　震后地震趋势判定公告的权限和程序，由国务院地震工作主管部门制定。

第二十三条　北京市的地震短期预报和临震预报，由国务院地震工作主管部门和北京市人民政府负责管理地震工作的机构，组织召开地震震情会商会，提出地震预报意见，经国务院地震工作主管部门组织评审后，报国务院批准，由北京市人民政府发布。

第二十四条　本条例自发布之日起施行。1988 年 6 月 7 日国务院批准、1988 年 8 月 9 日国家地震局发布的《发布地震预报的规定》同时废止。

四、《地震灾情速报工作规定》

地震灾情速报工作规定

（中震救发 ［2010］ 67 号）

第一章　总　则

第一条　为规范地震灾情速报工作，及时收集并速报地震灾情，为国务院及地方各级人民政府抢险救灾决策指挥提供灾情信息，依据《中华人民共和国突发事件应对法》、《中华人民共和国防震减灾法》、《破坏性地震应急条例》和《国家地震应急预案》，制定本规定。

第二条　本规定所指地震灾情速报，是指震后规定时间内对地震灾情（或影响）的快速报告和后续及时报告。

本规定适用于我国大陆地区地震灾情速报工作。

第三条 地震灾情速报工作实行统一领导、分级负责、责任到人和属地管理为主的原则。

第四条 县级以上地震工作部门应当加强对地震灾情速报工作的领导，将地震灾情速报工作纳入工作计划，所需经费列入预算。

第五条 中国地震局统一规划和领导全国地震灾情速报工作；省级地震工作部门负责本辖区地震灾情（或影响）速报工作的组织与管理；市、县地震工作部门负责地震灾情（或影响）速报工作的具体实施。

第六条 各级地震工作部门应当引导社会组织和个人积极参与地震灾情速报工作。

第七条 对地震灾情速报做出突出贡献的单位和个人，按照有关规定给予表彰和奖励。

第八条 中国地震局鼓励和支持地震灾情速报方法与技术的探索和研究。

第二章 灾情速报工作职责划分

第九条 中国地震局负责灾情速报网的统一规划与全面管理；制定地震灾情速报标准；建设国家地震灾情速报平台；组织地震灾情速报方法与技术研究；负责地震灾情速报重大事项的协调工作。

第十条 省级地震工作部门负责辖区内地震灾情速报的组织与管理，负责组织辖区内地震灾情速报网的建设与管理；建设本级地震灾情速报平台；管理、协调市、县地震灾情速报工作；负责震后收集和速报灾情。

第十一条 市、县级地震工作部门负责辖区内的灾情速报工作的实施，招募、培训灾情速报员，建立本级速报平台，收集和速报灾情。

第十二条 地震台站应把地震灾情收集、速报纳入台站工作职责。地震发生后，应当做好所在地地震灾情的收集和速报工作。

第三章　灾情速报网建设

第十三条　国家建立覆盖全国的地震灾情速报网。

灾情速报网由地震灾情速报员和县、市、省、国家四级地震灾情速报平台构成。

灾情速报网实行统一规划、分级建设、分级管理。

第十四条　地震灾情速报员

市、县地震工作部门负责建立本辖区的地震灾情速报员网络，并建立地震灾情速报员数据库。

重点监视防御区灾情速报员密度要满足地震灾情速报的需求，一般情况下，每个行政村、社区应有1～2名灾情速报人员。

灾情速报员可招募乡（镇、街道）科技助理员、民政助理员、防震减灾助理员以及地震应急救援志愿者、地震宏观测报员和地震知识宣传员等人员。

第十五条　地震灾情速报平台

国家和地方各级地震工作部门应建立本级地震灾情速报平台。地震灾情速报平台应当明确专门部门负责，指定专人负责日常工作。

地震灾情速报平台的任务是：保持灾情速报网络畅通无阻；与民政、通信、建设、铁路、水利等部门单位和新闻媒体、互联网门户网站建立联系，拓宽灾情信息收集渠道；负责接收灾情速报员或下级灾情速报平台报告的灾情信息；负责收集有关部门单位、网络、媒体等发布的灾情信息；负责汇总、分析和速报灾情信息。

第十六条　中国地震应急搜救中心负责国家灾情速报平台的建设和日常管理工作；负责12322防震减灾公益服务热线平台的建设和管理。中国地震台网中心负责12322灾情速报短信息平台的建设和管理。

地方各级地震灾情速报平台建设和管理由同级地震工作主管部门根据具体情况确定。

第四章 灾情速报内容、方法和程序

第十七条 地震灾情速报原则。

(一)主动、快速、客观、真实。

(二)不求全但求快,有灾报灾、无灾报安。

(三)不迟报、谎报、瞒报、漏报。

第十八条 地震灾情速报内容。

(一)影响范围:包括地震有感范围、受灾范围、极灾区范围;

(二)受灾人口:包括死亡人数、受伤人数、失踪人数、失去住所人数、需要转移安置人数等;

(三)经济影响:包括房屋建筑破坏、基础设施破坏、地质灾害和次生灾害等;

(四)社会影响:指地震对社会产生的综合影响,如社会组织、社会生活秩序、工作秩序、生产秩序受破坏及影响情况等。

第十九条 地震灾情速报期限要求。

(一)强有感地震:震后 12 小时内。

(二)一般地震灾害:震后 24 小时内。

(三)较大地震灾害:震后 48 小时内。

(四)重、特大地震灾害:震后 72 小时内。

第二十条 地震灾情的上报方法。

(一)通过电话或短信向地震灾情速报平台报告灾情。

(二)通过拨打防震减灾服务热线"12322"报告灾情。

(三)通过网络登陆市、省级地震局、中国地震局门户网站报告灾情。

(四)电话、网络不通时,可采用无线电台或卫星电话报告灾情。

第二十一条 灾情首报程序。

灾区的灾情速报员在震后 15 分钟内用电话或短信向市、县灾情速报平台上报感觉和观察到的当地的震感（含估计烈度）、建筑物破坏严重程度（有无倒塌、破坏等）和人员伤亡情况，有人员伤亡情况时应同时越级上报到国家和省级灾情速报平台。

县、市灾情速报平台震后应立即收集汇总灾情信息，在30分钟内上报省级灾情速报平台。

省级地震灾情速报平台，要同时将县、市速报的灾情立即报国家灾情速报平台，并在1小时内将已收集、汇总的地震灾情上报国家地震灾情速报平台。

各级地震工作部门要及时将地震灾情速报平台汇总的灾情向本级政府值班室报告。

第二十二条 灾情续报程序。

地震灾情首报后，灾情速报员和各级灾情速报平台应进一步调查了解核实灾情，进行续报。

灾情速报员和各级灾情速报平台按震后12小时内，每隔1.5小时；震后12小时后，每隔6小时向上一级灾情速报平台续报地震灾情。

各级地震灾情速报平台除收集灾区的灾情速报员、下级地震灾情速报平台报告的灾情之外，应主动收集同级有关部门单位、网络、媒体等发布的灾情信息，综合后进行报告。

如有重大灾情、突发灾情，应随时上报。

第二十三条 当国家或省级地震局现场队伍到达灾区后，灾区的市、县地震部门要将地震灾情要同时报地震现场指挥部。

第五章 条件保障

第二十四条 建立经费投入机制。

各级地震工作部门要保证地震灾情速报网建设、维护的经费投入。要将此项工作经费纳入本地政府、本部门年度财政预算和工作计划经费预算。

第二十五条 建立培训、考核机制。

市县地震工作部门要加强对灾情速报人员的培训教育与考核,不断提高灾情速报员的工作能力和责任意识。

第二十六条 建立检查机制。

各级地震部门要建立适宜本地区的地震灾情信息速报工作检查制度。要定期或不定期的检查与灾情速报工作人员通讯是否畅通,及时更新和补充灾情速报员信息。

第二十七条 建立奖惩机制。

各级地震部门应对及时、准确的灾情速报单位、社会组织和人员给予表彰和奖励,对于突出贡献者应给予重奖。对由于迟报、谎报、瞒报、漏报地震灾情而延误工作的部门和单位,实施问责并给予相应的处分。

各级地震部门应将灾情速报管理纳入全国地震行业评比内容。按本规定及时报送地震灾情的单位,应计入该单位年度应急救援评优总成绩。

第六章 附 则

第二十八条 各级地震工作部门应对灾情速报工作进行年度总结,报上一级地震工作部门。

第二十九条 各级地震工作部门,应根据本规定制定实施细则,并报中国地震局震灾应急救援司备案。

第三十条 本规定由中国地震局负责解释。

第三十一条 本规定自发布之日起施行,1999年制定的《地震灾情速报规定(试行)》(中震发测〔1999〕279号)同时废止。

五、《中华人民共和国突发事件应对法》

中华人民共和国突发事件应对法

(2007年8月30日第十届全国人民代表大会常务委员会第二十九次会议通过)

第一章 总 则

第一条 为了预防和减少突发事件的发生，控制、减轻和消除突发事件引起的严重社会危害，规范突发事件应对活动，保护人民生命财产安全，维护国家安全、公共安全、环境安全和社会秩序，制定本法。

第二条 突发事件的预防与应急准备、监测与预警、应急处置与救援、事后恢复与重建等应对活动，适用本法。

第三条 本法所称突发事件，是指突然发生，造成或者可能造成严重社会危害，需要采取应急处置措施予以应对的自然灾害、事故灾难、公共卫生事件和社会安全事件。

按照社会危害程度、影响范围等因素，自然灾害、事故灾难、公共卫生事件分为特别重大、重大、较大和一般四级。法律、行政法规或者国务院另有规定的，从其规定。

突发事件的分级标准由国务院或者国务院确定的部门制定。

第四条 国家建立统一领导、综合协调、分类管理、分级负责、属地管理为主的应急管理体制。

第五条 突发事件应对工作实行预防为主、预防与应急相结合的原则。国家建立重大突发事件风险评估体系，对可能发生的突发事件进行综合性评估，减少重大突发事件的发生，最大限度地减轻重大突发事件的影响。

第六条 国家建立有效的社会动员机制，增强全民的公共安全和防范风险的意识，提高全社会的避险救助能力。

第七条 县级人民政府对本行政区域内突发事件的应对工作负责；涉及两个以上行政区域的，由有关行政区域共同的上一级人民政府负责，或者由各有关行政区域的上一级人民政府共同负责。

突发事件发生后，发生地县级人民政府应当立即采取措施控制事态发展，组织开展应急救援和处置工作，并立即向上一级人民政府报告，必要时可以越级上报。

突发事件发生地县级人民政府不能消除或者不能有效控制突发事件引起的严重社会危害的，应当及时向上级人民政府报告。上级人民政府应当及时采取措施，统一领导应急处置工作。

法律、行政法规规定由国务院有关部门对突发事件的应对工作负责的，从其规定；地方人民政府应当积极配合并提供必要的支持。

第八条　国务院在总理领导下研究、决定和部署特别重大突发事件的应对工作；根据实际需要，设立国家突发事件应急指挥机构，负责突发事件应对工作；必要时，国务院可以派出工作组指导有关工作。

县级以上地方各级人民政府设立由本级人民政府主要负责人、相关部门负责人、驻当地中国人民解放军和中国人民武装警察部队有关负责人组成的突发事件应急指挥机构，统一领导、协调本级人民政府各有关部门和下级人民政府开展突发事件应对工作；根据实际需要，设立相关类别突发事件应急指挥机构，组织、协调、指挥突发事件应对工作。

上级人民政府主管部门应当在各自职责范围内，指导、协助下级人民政府及其相应部门做好有关突发事件的应对工作。

第九条　国务院和县级以上地方各级人民政府是突发事件应对工作的行政领导机关，其办事机构及具体职责由国务院规定。

第十条　有关人民政府及其部门作出的应对突发事件的决定、命令，应当及时公布。

第十一条　有关人民政府及其部门采取的应对突发事件的措施，应当与突发事件可能造成的社会危害的性质、程度和范围相适应；有多种措施可供选择的，应当选择有利于最大程度地保护公民、法人和其他组织权益的措施。

公民、法人和其他组织有义务参与突发事件应对工作。

第十二条　有关人民政府及其部门为应对突发事件，可以征用单位和个人的财产。被征用的财产在使用完毕或者突发事件应急处置工作结束后，应当及时返还。财产被征用或者征用后毁损、灭失的，应当给予补偿。

第十三条　因采取突发事件应对措施，诉讼、行政复议、仲裁活动不能正常进行的，适用有关时效中止和程序中止的规定，但法律另有规定的除外。

第十四条　中国人民解放军、中国人民武装警察部队和民兵组织依照本法和其他有关法律、行政法规、军事法规的规定以及国务院、中央军事委员会的命令，参加突发事件的应急救援和处置工作。

第十五条　中华人民共和国政府在突发事件的预防、监测与预警、应急处置与救援、事后恢复与重建等方面，同外国政府和有关国际组织开展合作与交流。

第十六条　县级以上人民政府作出应对突发事件的决定、命令，应当报本级人民代表大会常务委员会备案；突发事件应急处置工作结束后，应当向本级人民代表大会常务委员会作出专项工作报告。

第二章　预防与应急准备

第十七条　国家建立健全突发事件应急预案体系。

国务院制定国家突发事件总体应急预案，组织制定国家突发事件专项应急预案；国务院有关部门根据各自的职责和国务院相关应急预案，制定国家突发事件部门应急预案。

地方各级人民政府和县级以上地方各级人民政府有关部门根据有关法律、法规、规章、上级人民政府及其有关部门的应急预案以及本地区的实际情况，制定相应的突发事件应急预案。

应急预案制定机关应当根据实际需要和情势变化，适时修订应急预案。应急预案的制定、修订程序由国务院规定。

第十八条　应急预案应当根据本法和其他有关法律、法规的规定，针对突发事件的性质、特点和可能造成的社会危害，具体规定突发事件应急管理工作的组织指挥体系与职责和突发事件的预防与预警机制、处置程序、应急保障措施以及事后恢复与重建措施等内容。

第十九条 城乡规划应当符合预防、处置突发事件的需要，统筹安排应对突发事件所必需的设备和基础设施建设，合理确定应急避难场所。

第二十条 县级人民政府应当对本行政区域内容易引发自然灾害、事故灾难和公共卫生事件的危险源、危险区域进行调查、登记、风险评估，定期进行检查、监控，并责令有关单位采取安全防范措施。

省级和设区的市级人民政府应当对本行政区域内容易引发特别重大、重大突发事件的危险源、危险区域进行调查、登记、风险评估，组织进行检查、监控，并责令有关单位采取安全防范措施。

县级以上地方各级人民政府按照本法规定登记的危险源、危险区域，应当按照国家规定及时向社会公布。

第二十一条 县级人民政府及其有关部门、乡级人民政府、街道办事处、居民委员会、村民委员会应当及时调解处理可能引发社会安全事件的矛盾纠纷。

第二十二条 所有单位应当建立健全安全管理制度，定期检查本单位各项安全防范措施的落实情况，及时消除事故隐患；掌握并及时处理本单位存在的可能引发社会安全事件的问题，防止矛盾激化和事态扩大；对本单位可能发生的突发事件和采取安全防范措施的情况，应当按照规定及时向所在地人民政府或者人民政府有关部门报告。

第二十三条 矿山、建筑施工单位和易燃易爆物品、危险化学品、放射性物品等危险物品的生产、经营、储运、使用单位，应当制定具体应急预案，并对生产经营场所、有危险物品的建筑物、构筑物及周边环境开展隐患排查，及时采取措施消除隐患，防止发生突发事件。

第二十四条 公共交通工具、公共场所和其他人员密集场所的经营单位或者管理单位应当制定具体应急预案，为交通工具和有关场所配备报警装置和必要的应急救援设备、设施，注明其使用方法，并显著标明安全撤离的通道、路线，保证安全通道、出口的畅通。

有关单位应当定期检测、维护其报警装置和应急救援设备、设施，使其处于良好状态，确保正常使用。

第二十五条 县级以上人民政府应当建立健全突发事件应急管理培训制度，对人民政府及其有关部门负有处置突发事件职责的工作人员定期进行培训。

第二十六条 县级以上人民政府应当整合应急资源，建立或者确定综合性应急救援队伍。人民政府有关部门可以根据实际需要设立专业应急救援队伍。

县级以上人民政府及其有关部门可以建立由成年志愿者组成的应急救援队伍。单位应当建立由本单位职工组成的专职或者兼职应急救援队伍。

县级以上人民政府应当加强专业应急救援队伍与非专业应急救援队伍的合作，联合培训、联合演练，提高合成应急、协同应急的能力。

第二十七条 国务院有关部门、县级以上地方各级人民政府及其有关部门、有关单位应当为专业应急救援人员购买人身意外伤害保险，配备必要的防护装备和器材，减少应急救援人员的人身风险。

第二十八条 中国人民解放军、中国人民武装警察部队和民兵组织应当有计划地组织开展应急救援的专门训练。

第二十九条 县级人民政府及其有关部门、乡级人民政府、街道办事处应当组织开展应急知识的宣传普及活动和必要的应急演练。

居民委员会、村民委员会、企业事业单位应当根据所在地人民政府的要求，结合各自的实际情况，开展有关突发事件应急知识的宣传普及活动和必要的应急演练。

新闻媒体应当无偿开展突发事件预防与应急、自救与互救知识的公益宣传。

第三十条　各级各类学校应当把应急知识教育纳入教学内容，对学生进行应急知识教育，培养学生的安全意识和自救与互救能力。

教育主管部门应当对学校开展应急知识教育进行指导和监督。

第三十一条　国务院和县级以上地方各级人民政府应当采取财政措施，保障突发事件应对工作所需经费。

第三十二条　国家建立健全应急物资储备保障制度，完善重要应急物资的监管、生产、储备、调拨和紧急配送体系。

设区的市级以上人民政府和突发事件易发、多发地区的县级人民政府应当建立应急救援物资、生活必需品和应急处置装备的储备制度。

县级以上地方各级人民政府应当根据本地区的实际情况，与有关企业签订协议，保障应急救援物资、生活必需品和应急处置装备的生产、供给。

第三十三条　国家建立健全应急通信保障体系，完善公用通信网，建立有线与无线相结合、基础电信网络与机动通信系统相配套的应急通信系统，确保突发事件应对工作的通信畅通。

第三十四条　国家鼓励公民、法人和其他组织为人民政府应对突发事件工作提供物资、资金、技术支持和捐赠。

第三十五条　国家发展保险事业，建立国家财政支持的巨灾风险保险体系，并鼓励单位和公民参加保险。

第三十六条　国家鼓励、扶持具备相应条件的教学科研机构培养应急管理专门人才，鼓励、扶持教学科研机构和有关企业研究开发用于突发事件预防、监测、预警、应急处置与救援的新技术、新设备和新工具。

第三章　监测与预警

第三十七条　国务院建立全国统一的突发事件信息系统。

县级以上地方各级人民政府应当建立或者确定本地区统一的突发事件信息系统，汇集、储存、分析、传输有关突发事件的信息，并与上级人民政府及其有关部门、下级人民政府及其有关部门、专业机构和监测网点的突发事件信息系统实现互联互通，加强跨部门、跨地区的信息交流与情报合作。

第三十八条　县级以上人民政府及其有关部门、专业机构应当通过多种途径收集突发事件信息。

县级人民政府应当在居民委员会、村民委员会和有关单位建立专职或者兼职信息报告员制度。

获悉突发事件信息的公民、法人或者其他组织，应当立即向所在地人民政府、有关主管部门或者指定的专业机构报告。

第三十九条　地方各级人民政府应当按照国家有关规定向上级人民政府报送突发事件信息。县级以上人民政府有关主管部门应当向本级人民政府相关部门通报突发事件信息。专业机构、监测网点和信息报告员应当及时向所在地人民政府及其有关主管部门报告突发事件信息。

有关单位和人员报送、报告突发事件信息，应当做到及时、客观、真实，不得迟报、谎报、瞒报、漏报。

第四十条　县级以上地方各级人民政府应当及时汇总分析突发事件隐患和预警信息，必要时组织相关部门、专业技术人员、专家学者进行会商，对发生突发事件的可能性及其可能造成的影响进行评估；认为可能发生重大或者特别重大突发事件的，应当立即向上级人民政府报告，并向上级人民政府有关部门、当地驻军和可能受到危害的毗邻或者相关地区的人民政府通报。

第四十一条　国家建立健全突发事件监测制度。

县级以上人民政府及其有关部门应当根据自然灾害、事故灾难和公共卫生事件的种类和特点，建立健全基础信息数据库，完善监测网络，划分监测区域，确定监测点，明确监测项目，提供必要的设备、设施，配备专职或者兼职人员，对可能发生的突发事件进行监测。

第四十二条　国家建立健全突发事件预警制度。

可以预警的自然灾害、事故灾难和公共卫生事件的预警级别，按照突发事件发生的紧急程度、发展势态和可能造成的危害程度分为一级、二级、三级和四级，分别用红色、橙色、黄色和蓝色标示，一级为最高级别。

预警级别的划分标准由国务院或者国务院确定的部门制定。

第四十三条 可以预警的自然灾害、事故灾难或者公共卫生事件即将发生或者发生的可能性增大时，县级以上地方各级人民政府应当根据有关法律、行政法规和国务院规定的权限和程序，发布相应级别的警报，决定并宣布有关地区进入预警期，同时向上一级人民政府报告，必要时可以越级上报，并向当地驻军和可能受到危害的毗邻或者相关地区的人民政府通报。

第四十四条 发布三级、四级警报，宣布进入预警期后，县级以上地方各级人民政府应当根据即将发生的突发事件的特点和可能造成的危害，采取下列措施：

（一）启动应急预案；

（二）责令有关部门、专业机构、监测网点和负有特定职责的人员及时收集、报告有关信息，向社会公布反映突发事件信息的渠道，加强对突发事件发生、发展情况的监测、预报和预警工作；

（三）组织有关部门和机构、专业技术人员、有关专家学者，随时对突发事件信息进行分析评估，预测发生突发事件可能性的大小、影响范围和强度以及可能发生的突发事件的级别；

（四）定时向社会发布与公众有关的突发事件预测信息和分析评估结果，并对相关信息的报道工作进行管理；

（五）及时按照有关规定向社会发布可能受到突发事件危害的警告，宣传避免、减轻危害的常识，公布咨询电话。

第四十五条 发布一级、二级警报，宣布进入预警期后，县级以上地方各级人民政府除采取本法第四十四条规定的措施外，还应当针对即将发生的突发事件的特点和可能造成的危害，采取下列一项或者多项措施：

（一）责令应急救援队伍、负有特定职责的人员进入待命状态，并动员后备人员做好参加应急救援和处置工作的准备；

（二）调集应急救援所需物资、设备、工具，准备应急设施和避难场所，并确保其处于良好状态、随时可以投入正常使用；

（三）加强对重点单位、重要部位和重要基础设施的安全保卫，维护社会治安秩序；

（四）采取必要措施，确保交通、通信、供水、排水、供电、供气、供热等公共设施的安全和正常运行；

（五）及时向社会发布有关采取特定措施避免或者减轻危害的建议、劝告；

（六）转移、疏散或者撤离易受突发事件危害的人员并予以妥善安置，转移重要财产；

（七）关闭或者限制使用易受突发事件危害的场所，控制或者限制容易导致危害扩大的公共场所的活动；

（八）法律、法规、规章规定的其他必要的防范性、保护性措施。

第四十六条 对即将发生或者已经发生的社会安全事件，县级以上地方各级人民政府及其有关主管部门应当按照规定向上一级人民政府及其有关主管部门报告，必要时可以越级上报。

第四十七条 发布突发事件警报的人民政府应当根据事态的发展，按照有关规定适时调整预警级别并重新发布。

有事实证明不可能发生突发事件或者危险已经解除的，发布警报的人民政府应当立即宣布解除警报，终止预警期，并解除已经采取的有关措施。

第四章　应急处置与救援

第四十八条 突发事件发生后，履行统一领导职责或者组织处置突发事件的人民政府应当针对其性质、特点和危害程度，立即组织有关部门，调动应急救援队伍和社会力量，依照本章的规定和有关法律、法规、规章的规定采取应急处置措施。

第四十九条 自然灾害、事故灾难或者公共卫生事件发生后,履行统一领导职责的人民政府可以采取下列一项或者多项应急处置措施:

(一)组织营救和救治受害人员,疏散、撤离并妥善安置受到威胁的人员以及采取其他救助措施;

(二)迅速控制危险源,标明危险区域,封锁危险场所,划定警戒区,实行交通管制以及其他控制措施;

(三)立即抢修被损坏的交通、通信、供水、排水、供电、供气、供热等公共设施,向受到危害的人员提供避难场所和生活必需品,实施医疗救护和卫生防疫以及其他保障措施;

(四)禁止或者限制使用有关设备、设施,关闭或者限制使用有关场所,中止人员密集的活动或者可能导致危害扩大的生产经营活动以及采取其他保护措施;

(五)启用本级人民政府设置的财政预备费和储备的应急救援物资,必要时调用其他急需物资、设备、设施、工具;

(六)组织公民参加应急救援和处置工作,要求具有特定专长的人员提供服务;

(七)保障食品、饮用水、燃料等基本生活必需品的供应;

(八)依法从严惩处囤积居奇、哄抬物价、制假售假等扰乱市场秩序的行为,稳定市场价格,维护市场秩序;

(九)依法从严惩处哄抢财物、干扰破坏应急处置工作等扰乱社会秩序的行为,维护社会治安;

(十)采取防止发生次生、衍生事件的必要措施。

第五十条 社会安全事件发生后,组织处置工作的人民政府应当立即组织有关部门并由公安机关针对事件的性质和特点,依照有关法律、行政法规和国家其他有关规定,采取下列一项或者多项应急处置措施:

（一）强制隔离使用器械相互对抗或者以暴力行为参与冲突的当事人，妥善解决现场纠纷和争端，控制事态发展；

（二）对特定区域内的建筑物、交通工具、设备、设施以及燃料、燃气、电力、水的供应进行控制；

（三）封锁有关场所、道路，查验现场人员的身份证件，限制有关公共场所内的活动；

（四）加强对易受冲击的核心机关和单位的警卫，在国家机关、军事机关、国家通讯社、广播电台、电视台、外国驻华使领馆等单位附近设置临时警戒线；

（五）法律、行政法规和国务院规定的其他必要措施。

严重危害社会治安秩序的事件发生时，公安机关应当立即依法出动警力，根据现场情况依法采取相应的强制性措施，尽快使社会秩序恢复正常。

第五十一条 发生突发事件，严重影响国民经济正常运行时，国务院或者国务院授权的有关主管部门可以采取保障、控制等必要的应急措施，保障人民群众的基本生活需要，最大限度地减轻突发事件的影响。

第五十二条 履行统一领导职责或者组织处置突发事件的人民政府，必要时可以向单位和个人征用应急救援所需设备、设施、场地、交通工具和其他物资，请求其他地方人民政府提供人力、物力、财力或者技术支援，要求生产、供应生活必需品和应急救援物资的企业组织生产、保证供给，要求提供医疗、交通等公共服务的组织提供相应的服务。

履行统一领导职责或者组织处置突发事件的人民政府，应当组织协调运输经营单位，优先运送处置突发事件所需物资、设备、工具、应急救援人员和受到突发事件危害的人员。

第五十三条 履行统一领导职责或者组织处置突发事件的人民政府，应当按照有关规定统一、准确、及时发布有关突发事件事态发展和应急处置工作的信息。

第五十四条 任何单位和个人不得编造、传播有关突发事件事态发展或者应急处置工作的虚假信息。

第五十五条 突发事件发生地的居民委员会、村民委员会和其他组织应当按照当地人民政府的决定、命令，进行宣传动员，组织群众开展自救和互救，协助维护社会秩序。

第五十六条 受到自然灾害危害或者发生事故灾难、公共卫生事件的单位，应当立即组织本单位应急救援队伍和工作人员营救受害人员，疏散、撤离、安置受到威胁的人员，控制危险源，标明危险区域，封锁危险场所，并采取其他防止危害扩大的必要措施，同时向所在地县级人民政府报告；对因本单位的问题引发的或者主体是本单位人员的社会安全事件，有关单位应当按照规定上报情况，并迅速派出负责人赶赴现场开展劝解、疏导工作。

突发事件发生地的其他单位应当服从人民政府发布的决定、命令，配合人民政府采取的应急处置措施，做好本单位的应急救援工作，并积极组织人员参加所在地的应急救援和处置工作。

第五十七条 突发事件发生地的公民应当服从人民政府、居民委员会、村民委员会或者所属单位的指挥和安排，配合人民政府采取的应急处置措施，积极参加应急救援工作，协助维护社会秩序。

第五章 事后恢复与重建

第五十八条 突发事件的威胁和危害得到控制或者消除后，履行统一领导职责或者组织处置突发事件的人民政府应当停止执行依照本法规定采取的应急处置措施，同时采取或者继续实施必要措施，防止发生自然灾害、事故灾难、公共卫生事件的次生、衍生事件或者重新引发社会安全事件。

第五十九条 突发事件应急处置工作结束后，履行统一领导职责的人民政府应当立即组织对突发事件造成的损失进行评估，组织受影响地区尽快恢复生产、生活、工作和社会秩序，制定恢复重建计划，并向上一级人民政府报告。

受突发事件影响地区的人民政府应当及时组织和协调公安、交通、铁路、民航、邮电、建设等有关部门恢复社会治安秩序，尽快修复被损坏的交通、通信、供水、排水、供电、供气、供热等公共设施。

第六十条 受突发事件影响地区的人民政府开展恢复重建工作需要上一级人民政府支持的，可以向上一级人民政府提出请求。上一级人民政府应当根据受影响地区遭受的损失和实际情况，提供资金、物资支持和技术指导，组织其他地区提供资金、物资和人力支援。

第六十一条 国务院根据受突发事件影响地区遭受损失的情况，制定扶持该地区有关行业发展的优惠政策。

受突发事件影响地区的人民政府应当根据本地区遭受损失的情况，制订救助、补偿、抚慰、抚恤、安置等善后工作计划并组织实施，妥善解决因处置突发事件引发的矛盾和纠纷。

公民参加应急救援工作或者协助维护社会秩序期间，其在本单位的工资待遇和福利不变；表现突出、成绩显著的，由县级以上人民政府给予表彰或者奖励。

县级以上人民政府对在应急救援工作中伤亡的人员依法给予抚恤。

第六十二条 履行统一领导职责的人民政府应当及时查明突发事件的发生经过和原因，总结突发事件应急处置工作的经验教训，制定改进措施，并向上一级人民政府提出报告。

第六章 法律责任

第六十三条 地方各级人民政府和县级以上各级人民政府有关部门违反本法规定，不履行法定职责的，由其上级行政机关或者监察机关责令改正；有下列情形之一的，根据情节对直接负责的主管人员和其他直接责任人员依法给予处分：

（一）未按规定采取预防措施，导致发生突发事件，或者未采取必要的防范措施，导致发生次生、衍生事件的；

（二）迟报、谎报、瞒报、漏报有关突发事件的信息，或者通报、报送、公布虚假信息，造成后果的；

（三）未按规定及时发布突发事件警报、采取预警期的措施，导致损害发生的；

（四）未按规定及时采取措施处置突发事件或者处置不当，造成后果的；

（五）不服从上级人民政府对突发事件应急处置工作的统一领导、指挥和协调的；

（六）未及时组织开展生产自救、恢复重建等善后工作的；

（七）截留、挪用、私分或者变相私分应急救援资金、物资的；

（八）不及时归还征用的单位和个人的财产，或者对被征用财产的单位和个人不按规定给予补偿的。

第六十四条 有关单位有下列情形之一的，由所在地履行统一领导职责的人民政府责令停产停业，暂扣或者吊销许可证或者营业执照，并处五万元以上二十万元以下的罚款；构成违反治安管理行为的，由公安机关依法给予处罚：

（一）未按规定采取预防措施，导致发生严重突发事件的；

（二）未及时消除已发现的可能引发突发事件的隐患，导致发生严重突发事件的；

（三）未做好应急设备、设施日常维护、检测工作，导致发生严重突发事件或者突发事件危害扩大的；

（四）突发事件发生后，不及时组织开展应急救援工作，造成严重后果的。

前款规定的行为，其他法律、行政法规规定由人民政府有关部门依法决定处罚的，从其规定。

第六十五条 违反本法规定，编造并传播有关突发事件事态发展或者应急处置工作的虚假信息，或者明知是有关突发事件事态发展或者应急处置工作的虚假信息而进行传播的，责令改正，给予警告；造成严重后果的，依法暂停其业务活动或者吊销其执业许可证；负有直接责任的人员是国家工作人员的，还应当对其依法给予处分；构成违反治安管理行为的，由公安机关依法给予处罚。

第六十六条　单位或者个人违反本法规定，不服从所在地人民政府及其有关部门发布的决定、命令或者不配合其依法采取的措施，构成违反治安管理行为的，由公安机关依法给予处罚。

第六十七条　单位或者个人违反本法规定，导致突发事件发生或者危害扩大，给他人人身、财产造成损害的，应当依法承担民事责任。

第六十八条　违反本法规定，构成犯罪的，依法追究刑事责任。

第七章　附　则

第六十九条　发生特别重大突发事件，对人民生命财产安全、国家安全、公共安全、环境安全或者社会秩序构成重大威胁，采取本法和其他有关法律、法规、规章规定的应急处置措施不能消除或者有效控制、减轻其严重社会危害，需要进入紧急状态的，由全国人民代表大会常务委员会或者国务院依照宪法和其他有关法律规定的权限和程序决定。

紧急状态期间采取的非常措施，依照有关法律规定执行或者由全国人民代表大会常务委员会另行规定。

第七十条　本法自 2007 年 11 月 1 日起施行。

六、《破坏性地震应急条例》

破坏性地震应急条例

（1995 年 2 月 11 日中华人民共和国国务院令第 172 号公布，自 1995 年 4 月 1 日起施行）

第一章　总　则

第一条　为了加强对破坏性地震应急活动的管理，减轻地震灾害损失，保障国家财产和公民人身、财产安全，维护社会秩序，制定本条例。

第二条　在中华人民共和国境内从事破坏性地震应急活动，必须遵守本条例。

第三条　地震应急工作实行政府领导、统一管理和分级、分部门负责的原则。

第四条　各级人民政府应当加强地震应急的宣传、教育工作，提高社会防震减灾意识。

第五条　任何组织和个人都有参加地震应急活动的义务。

中国人民解放军和中国人民武装警察部队是地震应急工作的重要力量。

第二章　应急机构

第六条　国务院防震减灾工作主管部门指导和监督全国地震应急工作。国务院有关部门按照各自的职责，具体负责本部门的地震应急工作。

第七条　造成特大损失的严重破坏性地震发生后，国务院设立抗震救灾指挥部，国务院防震减灾工作主管部门为其办事机构；国务院有关部门设立本部门的地震应急机构。

第八条　县级以上地方人民政府防震减灾工作主管部门指导和监督本行政区域内的地震应急工作。

破坏性地震发生后，有关县级以上地方人民政府应当设立抗震救灾指挥部，对本行政区域内的地震应急工作实行集中领导，其办事机构设在本级人民政府防震减灾工作主管部门或者本级人民政府指定的其他部门；国务院另有规定的，从其规定。

第三章　应急预案

第九条　国家的破坏性地震应急预案，由国务院防震减灾工作主管部门会同国务院有关部门制定，报国务院批准。

第十条　国务院有关部门应当根据国家的破坏性地震应急预案，制定本部门的破坏性地震应急预案，并报国务院防震减灾工作主管部门备案。

第十一条　根据地震灾害预测，可能发生破坏性地震地区的县级以上地方人民政府防震减灾工作主管部门应当会同同级有关部门以及有关单位，参照国家的破坏性地震应急预案，制定本行政区域内的破坏性地震应急预案，报本级人民政府批准；省、自治区和人口在100万以上的城市的破坏性地震应急预案，还应当报国务院防震减灾工作主管部门备案。

第十二条　部门和地方制定破坏性地震应急预案，应当从本部门或者本地区的实际情况出发，做到切实可行。

第十三条　破坏性地震应急预案应当包括下列主要内容：

（一）应急机构的组成和职责；

（二）应急通信保障；

（三）抢险救援的人员、资金、物资准备；

（四）灾害评估准备；

（五）应急行动方案。

第十四条　制定破坏性地震应急预案的部门和地方，应当根据震情的变化以及实施中发现的问题，及时对其制定的破坏性地震应急预案进行修订、补充；涉及重大事项调整的，应当报经原批准机关同意。

第四章　临震应急

第十五条　地震临震预报，由省、自治区、直辖市人民政府依照国务院有关发布地震预报的规定统一发布，其他任何组织或者个人不得发布地震预报。

任何组织或者个人都不得传播有关地震的谣言。发生地震谣传时，防震减灾工作主管部门应当协助人民政府迅速予以平息和澄清。

第十六条 破坏性地震临震预报发布后，有关省、自治区、直辖市人民政府可以宣布预报区进入临震应急期，并指明临震应急期的起止时间。

临震应急期一般为 10 日；必要时，可以延长 10 日。

第十七条 在临震应急期，有关地方人民政府应当根据震情，统一部署破坏性地震应急预案的实施工作，并对临震应急活动中发生的争议采取紧急处理措施。

第十八条 在临震应急期，各级防震减灾工作主管部门应当协助本级人民政府对实施破坏性地震应急预案工作进行检查。

第十九条 在临震应急期，有关地方人民政府应当根据实际情况，向预报区的居民以及其他人员提出避震撤离的劝告；情况紧急时，应当有组织地进行避震疏散。

第二十条 在临震应急期，有关地方人民政府有权在本行政区域内紧急调用物资、设备、人员和占用场地，任何组织或者个人都不得阻拦；调用物资、设备或者占用场地的，事后应当及时归还或者给予补偿。

第二十一条 在临震应急期，有关部门应当对生命线工程和次生灾害源采取紧急防护措施。

第五章 震后应急

第二十二条 破坏性地震发生后，有关的省、自治区、直辖市人民政府应当宣布灾区进入震后应急期，并指明震后应急期的起止时间。

震后应急期一般为 10 日；必要时，可以延长 20 日。

第二十三条 破坏性地震发生后，抗震救灾指挥部应当及时组织实施破坏性地震应急预案，及时将震情、灾情及其发展趋势等信息报告上一级人民政府。

第二十四条 防震减灾工作主管部门应当加强现场地震监测预报工作，并及时会同有关部门评估地震灾害损失；灾情调查结果，应当及时报告本级人民政府抗震救灾指挥部和上一级防震减灾工作主管部门。

第二十五条 交通、铁路、民航等部门应当尽快恢复被损毁的道路、铁路、水港、空港和有关设施，并优先保证抢险救援人员、物资的运输和灾民的疏散。其他部门有交通运输工具的，应当无条件服从抗震救灾指挥部的征用或者调用。

第二十六条 通信部门应当尽快恢复被破坏的通信设施，保证抗震救灾通信畅通。其他部门有通信设施的，应当优先为破坏性地震应急工作服务。

第二十七条 供水、供电部门应当尽快恢复被破坏的供水、供电设施，保证灾区用水、用电。

第二十八条 卫生部门应当立即组织急救队伍，利用各种医疗设施或者建立临时治疗点，抢救伤员，及时检查、监测灾区的饮用水源、食品等，采取有效措施防止和控制传染病的暴发流行，并向受灾人员提供精神、心理卫生方面的帮助。医药部门应当及时提供救灾所需药品。其他部门应当配合卫生、医药部门，做好卫生防疫以及伤亡人员的抢救、处理工作。

第二十九条 民政部门应当迅速设置避难场所和救济物资供应点，提供救济物品等，保障灾民的基本生活，做好灾民的转移和安置工作。其他部门应当支持、配合民政部门妥善安置灾民。

第三十条 公安部门应当加强灾区的治安管理和安全保卫工作，预防和制止各种破坏活动，维护社会治安，保证抢险救灾工作顺利进行，尽快恢复社会秩序。

第三十一条 石油、化工、水利、电力、建设等部门和单位以及危险品生产、储运等单位，应当按照各自的职责，对可能发生或者已经发生次生灾害的地点和设施采取紧急处置措施，并加强监视、控制，防止灾害扩展。

公安消防机构应当严密监视灾区火灾的发生；出现火灾时，应当组织力量抢救人员和物资，并采取有效防范措施，防止火势扩大、蔓延。

第三十二条　广播电台、电视台等新闻单位应当根据抗震救灾指挥部提供的情况，按照规定及时向公众发布震情、灾情等有关信息，并做好宣传、报道工作。

第三十三条　抗震救灾指挥部可以请求非灾区的人民政府接受并妥善安置灾民和提供其他救援。

第三十四条　破坏性地震发生后，国内非灾区提供的紧急救援，由抗震救灾指挥部负责接受和安排；国际社会提供的紧急救援，由国务院民政部门负责接受和安排；国外红十字会和国际社会通过中国红十字会提供的紧急救援，由中国红十字会负责接受和安排。

第三十五条　因严重破坏性地震应急的需要，可以在灾区实行特别管制措施。省、自治区、直辖市行政区域内的特别管制措施，由省、自治区、直辖市人民政府决定；跨省、自治区、直辖市的特别管制措施，由有关省、自治区、直辖市人民政府共同决定或者由国务院决定；中断干线交通或者封锁国境的特别管制措施，由国务院决定。

特别管制措施的解除，由原决定机关宣布。

第六章　奖励和处罚

第三十六条　在破坏性地震应急活动中有下列事迹之一的，由其所在单位、上级机关或者防震减灾工作主管部门给予表彰或者奖励：

（一）出色完成破坏性地震应急任务的；

（二）保护国家、集体和公民的财产或者抢救人员有功的；

（三）及时排除险情，防止灾害扩大，成绩显著的；

（四）对地震应急工作提出重大建议，实施效果显著的；

（五）因震情、灾情测报准确和信息传递及时而减轻灾害损失的；

（六）及时供应用于应急救灾的物资和工具或者节约经费开支，成绩显著的；

（七）有其他特殊贡献的。

第三十七条 有下列行为之一的，对负有直接责任的主管人员和其他直接责任人员依法给予行政处分；属于违反治安管理行为的，依照治安管理处罚法的规定给予处罚；构成犯罪的，依法追究刑事责任：

（一）不按照本条例规定制定破坏性地震应急预案的；

（二）不按照破坏性地震应急预案的规定和抗震救灾指挥部的要求实施破坏性地震应急预案的；

（三）违抗抗震救灾指挥部命令，拒不承担地震应急任务的；

（四）阻挠抗震救灾指挥部紧急调用物资、人员或者占用场地的；

（五）贪污、挪用、盗窃地震应急工作经费或者物资的；

（六）有特定责任的国家工作人员在临震应急期或者震后应急期不坚守岗位，不及时掌握震情、灾情，临阵脱逃或者玩忽职守的；

（七）在临震应急期或者震后应急期哄抢国家、集体或者公民的财产的；

（八）阻碍抗震救灾人员执行职务或者进行破坏活动的；

（九）不按照规定和实际情况报告灾情的；

（十）散布谣言，扰乱社会秩序，影响破坏性地震应急工作的；

（十一）有对破坏性地震应急工作造成危害的其他行为的。

第七章 附 则

第三十八条 本条例下列用语的含义：

（一）"地震应急"，是指为了减轻地震灾害而采取的不同于正常工作程序的紧急防灾和抢险行动；

（二）"破坏性地震"，是指造成一定数量的人员伤亡和经济损失的地震事件；

（三）"严重破坏性地震"，是指造成严重的人员伤亡和经济损失，使灾区丧失或者部分丧失自我恢复能力，需要国家采取对抗行动的地震事件；

（四）"生命线工程"，是指对社会生活、生产有重大影响的交通、通信、供水、排水、供电、供气、输油等工程系统；

（五）"次生灾害源"，是指因地震而可能引发水灾、火灾、爆炸等灾害的易燃易爆物品、有毒物质贮存设施、水坝、堤岸等。

第三十九条　本条例自 1995 年 4 月 1 日起施行。

七、《地震安全性评价管理条例》

中华人民共和国国务院令

（第 323 号）

现公布《地震安全性评价管理条例》，自 2002 年 1 月 1 日起施行。

总　理　朱镕基

二○○一年十一月十五日

地震安全性评价管理条例

第一章　总　则

第一条　为了加强对地震安全性评价的管理，防御与减轻地震灾害，保护人民生命和财产安全，根据《中华人民共和国防震减灾法》的有关规定，制定本条例。

第二条　在中华人民共和国境内从事地震安全性评价活动，必须遵守本条例。

第三条　新建、扩建、改建建设工程，依照《中华人民共和国防震减灾法》和本条例的规定，需要进行地震安全性评价的，必须严格执行国家地震安全性评价的技术规范，确保地震安全性评价的质量。

第四条　国务院地震工作主管部门负责全国的地震安全性评价的监督管

理工作。

县级以上地方人民政府负责管理地震工作的部门或者机构负责本行政区域内的地震安全性评价的监督管理工作。

第五条 国家鼓励、扶持有关地震安全性评价的科技研究，推广应用先进的科技成果，提高地震安全性评价的科技水平。

第二章　地震安全性评价单位的资质

第六条 国家对从事地震安全性评价的单位实行资质管理制度。

从事地震安全性评价的单位必须取得地震安全性评价资质证书，方可进行地震安全性评价。

第七条 从事地震安全性评价的单位具备下列条件，方可向国务院地震工作主管部门或者省、自治区、直辖市人民政府负责管理地震工作的部门或者机构申请领取地震安全性评价资质证书：

（一）有与从事地震安全性评价相适应的地震学、地震地质学、工程地震学方面的专业技术人员；

（二）有从事地震安全性评价的技术条件。

第八条 国务院地震工作主管部门或者省、自治区、直辖市人民政府负责管理地震工作的部门或者机构，应当自收到地震安全性评价资质申请书之日起 30 日内做出审查决定。对符合条件的，颁发地震安全性评价资质证书；对不符合条件的，应当及时书面通知申请单位并说明理由。

第九条 地震安全性评价单位应当在其资质许可的范围内承揽地震安全性评价业务。

禁止地震安全性评价单位超越其资质许可的范围或者以其他地震安全性评价单位的名义承揽地震安全性评价业务。禁止地震安全性评价单位允许其他单位以本单位的名义承揽地震安全性评价业务。

第十条 地震安全性评价资质证书的式样，由国务院地震工作主管部门统一规定。

第三章 地震安全性评价的范围和要求

第十一条 下列建设工程必须进行地震安全性评价：

（一）国家重大建设工程；

（二）受地震破坏后可能引发水灾、火灾、爆炸、剧毒或者强腐蚀性物质大量泄露或者其他严重次生灾害的建设工程，包括水库大坝、堤防和贮油、贮气，贮存易燃易爆、剧毒或者强腐蚀性物质的设施以及其他可能发生严重次生灾害的建设工程；

（三）受地震破坏后可能引发放射性污染的核电站和核设施建设工程；

（四）省、自治区、直辖市认为对本行政区域有重大价值或者有重大影响的其他建设工程。

第十二条 建设单位应当将建设工程的地震安全性评价业务委托给具有相应资质的地震安全性评价单位。

第十三条 建设单位应当与地震安全性评价单位订立书面合同，明确双方的权利和义务。

第十四条 地震安全性评价单位对建设工程进行地震安全性评价后，应当编制该建设工程的地震安全性评价报告。

地震安全性评价报告应当包括下列内容：

（一）工程概况和地震安全性评价的技术要求；

（二）地震活动环境评价；

（三）地震地质构造评价；

（四）设防烈度或者设计地震动参数；

（五）地震地质灾害评价；

（六）其他有关技术资料。

第十五条 建设单位应当将地震安全性评价报告报送国务院地震工作主管

部门或者省、自治区、直辖市人民政府负责管理地震工作的部门或者机构审定。

第四章　地震安全性评价报告的审定

第十六条　国务院地震工作主管部门负责下列地震安全性评价报告的审定：

（一）国家重大建设工程；

（二）跨省、自治区、直辖市行政区域的建设工程；

（三）核电站和核设施建设工程。

省、自治区、直辖市人民政府负责管理地震工作的部门或者机构负责除前款规定以外的建设工程地震安全性评价报告的审定。

第十七条　国务院地震工作主管部门和省、自治区、直辖市人民政府负责管理地震工作的部门或者机构，应当自收到地震安全性评价报告之日起15日内进行审定，确定建设工程的抗震设防要求。

第十八条　国务院地震工作主管部门或者省、自治区、直辖市人民政府负责管理地震工作的部门或者机构，在确定建设工程抗震设防要求后，应当以书面形式通知建设单位，并告知建设工程所在地的市、县人民政府负责管理地震工作的部门或者机构。

省、自治区、直辖市人民政府负责管理地震工作的部门或者机构应当将其确定的建设工程抗震设防要求报国务院地震工作主管部门备案。

第五章　监督管理

第十九条　县级以上人民政府负责项目审批的部门，应当将抗震设防要求纳入建设工程可行性研究报告的审查内容。对可行性研究报告中未包含抗震设防要求的项目，不予批准。

第二十条　国务院建设行政主管部门和国务院铁路、交通、民用航空、水利和其他有关专业主管部门制定的抗震设计规范，应当明确规定按照抗震设防要求进行抗震设计的方法和措施。

第二十一条 建设工程设计单位应当按照抗震设防要求和抗震设计规范，进行抗震设计。

第二十二条 国务院地震工作主管部门和县级以上地方人民政府负责管理地震工作的部门或者机构，应当会同有关专业主管部门，加强对地震安全性评价工作的监督检查。

第六章 罚 则

第二十三条 违反本条例规定，未取得地震安全性评价资质证书的单位承揽地震安全性评价业务的，由国务院地震工作主管部门或者县级以上地方人民政府负责管理地震工作的部门或者机构依据职权，责令改正，没收违法所得，并处1万元以上5万元以下的罚款。

第二十四条 违反本条例的规定，地震安全性评价单位有下列行为之一的，由国务院地震工作主管部门或者县级以上地方人民政府负责管理地震工作的部门或者机构依据职权，责令改正，没收违法所得，并处1万元以上5万元以下的罚款；情节严重的，由颁发资质证书的部门或者机构吊销资质证书：

（一）超越其资质许可的范围承揽地震安全性评价业务的；

（二）以其他地震安全性评价单位的名义承揽地震安全性评价业务的；

（三）允许其他单位以本单位名义承揽地震安全性评价业务的。

第二十五条 违反本条例的规定，国务院地震工作主管部门或者省、自治区、直辖市人民政府负责管理地震工作的部门或者机构向不符合条件的单位颁发地震安全性评价资质证书和审定地震安全性评价报告，国务院地震工作主管部门或者县级以上地方人民政府负责管理地震工作的部门或者机构不履行监督管理职责，或者发现违法行为不予查处，致使公共财产、国家和人民利益遭受重大损失的，依法追究有关责任人的刑事责任；没有造成严重后果，尚不构成犯罪的，对部门或者机构负有责任的主管人员和其他直接责任人员给予降级或者撤职的行政处分。

第七章　附　则

第二十六条　本条例自 2002 年 1 月 1 日起施行。

八、《建设工程抗震设防要求管理规定》

中国地震局令

（第 7 号）

《建设工程抗震设防要求管理规定》已于 2002 年 1 月 16 日经中国地震局局务会议通过。现予发布，自发布之日起施行。

局　长　宋瑞祥

二〇〇二年一月二十八日

建设工程抗震设防要求管理规定

第一条　为了加强对新建、扩建、改建建设工程（以下简称建设工程）抗震设防要求的管理，防御与减轻地震灾害，保护人民生命和财产安全，根据《中华人民共和国防震减灾法》和《地震安全性评价管理条例》，制定本规定。

第二条　在中华人民共和国境内进行建设工程抗震设防要求的确定、使用和监督管理，必须遵守本规定。

本规定所称抗震设防要求，是指建设工程抗御地震破坏的准则和在一定风险水准下抗震设计采用的地震烈度或地震动参数。

第三条　国务院地震工作主管部门负责全国建设工程抗震设防要求的监督管理工作。

县级以上地方人民政府负责管理地震工作的部门或者机构，负责本行政区域内建设工程抗震设防要求的监督管理工作。

第四条 建设工程必须按照抗震设防要求进行抗震设防。

应当进行地震安全性评价的建设工程，其抗震设防要求必须按照地震安全性评价结果确定；其他建设工程的抗震设防要求按照国家颁布的地震动参数区划图或者地震动参数复核、地震小区划结果确定。

第五条 应当进行地震安全性评价的建设工程的建设单位，必须在项目可行性研究阶段，委托具有资质的单位进行地震安全性评价工作，并将地震安全性评价报告报送有关地震工作主管部门或者机构审定。

第六条 国务院地震工作主管部门和省、自治区、直辖市人民政府负责管理地震工作的部门或者机构，应当设立地震安全性评审组织。

地震安全性评审组织应当由 15 名以上地震行业及有关行业的技术、管理专家组成，其中技术专家不得少于二分之一。

第七条 国务院地震工作主管部门和省、自治区、直辖市人民政府负责管理地震工作的部门或者机构，应当委托本级地震安全性评审组织，对地震安全性评价报告进行评审。

地震安全性评审组织应当按照国家地震安全性评价的技术规范和其他有关技术规范，对地震安全性评价报告的基础资料、技术途径和评价结果等进行审查，形成评审意见。

第八条 国务院地震工作主管部门和省、自治区、直辖市人民政府负责管理地震工作的部门或者机构，应当根据地震安全性评审组织的评审意见，结合建设工程特性和其他综合因素，确定建设工程的抗震设防要求。

第九条 下列区域内建设工程的抗震设防要求不应直接采用地震动参数区划图结果，必须进行地震动参数复核：

（一）位于地震动峰值加速度区划图峰值加速度分区界线两侧各 4 公里区域的建设工程；

（二）位于某些地震研究程度和资料详细程度较差的边远地区的建设工程。

第十条　下列地区应当根据需要和可能开展地震小区划工作：

（一）地震重点监视防御区内的大中城市和地震重点监视防御城市；

（二）位于地震动参数 0.15g 以上（含 0.15g）的大中城市；

（三）位于复杂工程地质条件区域内的大中城市、大型厂矿企业、长距离生命线工程和新建开发区；

（四）其他需要开展地震小区划工作的地区。

第十一条　地震动参数复核和地震小区划工作必须由具有相应地震安全性评价资质的单位进行。

第十二条　地震动参数复核结果一般由省、自治区、直辖市人民政府负责管理地震工作的部门或者机构负责审定，结果变动显著的，报国务院地震工作主管部门审定；地震小区划结果，由国务院地震工作主管部门负责审定。

地震动参数复核和地震小区划结果的审定程序按照本规定第七条、第八条的规定执行。

省、自治区、直辖市人民政府负责管理地震工作的部门或者机构，应当将审定后的地震动参数复核结果报国务院地震工作主管部门备案。

第十三条　经过地震动参数复核或者地震小区划工作的区域内不需要进行地震安全性评价的建设工程，必须按照地震动参数复核或者地震小区划结果确定的抗震设防要求进行抗震设防。

第十四条　国务院地震工作主管部门和县级以上地方人民政府负责管理地震工作的部门或者机构，应当会同同级政府有关行业主管部门，加强对建设工程抗震设防要求使用的监督检查，确保建设工程按照抗震设防要求进行抗震设防。

第十五条　国务院地震工作主管部门和县级以上地方人民政府负责管理地震工作的部门或者机构，应当按照地震动参数区划图规定的抗震设防要求，加强对村镇房屋建设抗震设防的指导，逐步增强村镇房屋抗御地震破坏的能力。

第十六条 国务院地震工作主管部门和县级以上地方人民政府负责管理地震工作的部门或者机构,应当加强对建设工程抗震设防的宣传教育,提高社会的防震减灾意识,增强社会防御地震灾害的能力。

第十七条 建设单位违反本规定第十三条的规定,由国务院地震工作主管部门或者县级以上地方人民政府负责管理地震工作的部门或者机构,责令改正,并处 5000 元以上 30000 元以下的罚款。

第十八条 本规定自公布之日起施行。

九、《城市抗震防灾规划管理规定》

中华人民共和国建设部令

(第 117 号)

《城市抗震防灾规划管理规定》已于 2003 年 7 月 1 日经第 11 次部常务会议讨论通过。现予发布,自 2003 年 11 月 1 日起施行。

部　长　汪光焘
二○○三年九月十九日

城市抗震防灾规划管理规定

第一条 为了提高城市的综合抗震防灾能力,减轻地震灾害,根据《中华人民共和国城市规划法》《中华人民共和国防震减灾法》等有关法律、法规,制定本规定。

第二条 在抗震设防区的城市,编制与实施城市抗震防灾规划,必须遵守本规定。

本规定所称抗震设防区,是指地震基本烈度六度及六度以上地区(地震动峰值加速度 ≥ 0.05g 的地区)。

第三条　城市抗震防灾规划是城市总体规划中的专业规划。在抗震设防区的城市，编制城市总体规划时必须包括城市抗震防灾规划。城市抗震防灾规划的规划范围应当与城市总体规划相一致，并与城市总体规划同步实施。

城市总体规划与防震减灾规划应当相互协调。

第四条　城市抗震规划的编制要贯彻"预防为主，防、抗、避、救相结合"的方针，结合实际、因地制宜、突出重点。

第五条　国务院建设行政主管部门负责全国的城市抗震防灾规划综合管理工作。

省、自治区人民政府建设行政主管部门负责本行政区域内的城市抗震防灾规划的管理工作。

直辖市、市、县人民政府城乡规划行政主管部门会同有关部门组织编制本行政区域内的城市抗震防灾规划，并监督实施。

第六条　编制城市抗震防灾规划应当对城市抗震防灾有关的城市建设、地震地质、工程地质、水文地质、地形地貌、土层分布及地震活动性等情况进行深入调查研究，取得准确的基础资料。

有关单位应当依法为编制城市抗震防灾规划提供必需的资料。

第七条　编制和实施城市抗震防灾规划应当符合有关的标准和技术，应当采用先进技术方法和手段。

第八条　城市抗震防灾规划编制应当达到下列基本目标：

（一）当遭受多遇地震时，城市一般功能正常；

（二）当遭受相当于抗震设防烈度的地震时，城市一般功能及生命系统基本正常，重要工矿企业能正常或者很快恢复生产；

（三）当遭受罕遇地震时，城市功能不瘫痪，要害系统和生命线工程不遭受破坏，不发生严重的次生灾害。

第九条　城市抗震防灾规划应当包括下列内容：

（一）地震的危害程度估计，城市抗震防灾现状、易损性分析和防灾能力评价，不同强度地震下的震害预测等。

（二）城市抗震防灾规划目标、抗震设防标准。

（三）建设用地评价与要求：

1. 城市抗震环境综合评价，包括发震断裂、地震场地破坏效应的评价等；

2. 抗震设防区划，包括场地适宜性分区和危险地段、不利地段的确定，提出用地布局要求；

3. 各类用地上工程设施建设的抗震性能要求。

（四）抗震防灾措施：

1. 市、区级避震通道及避震疏散场地（如绿地、广场等）和避难中心的设置与人员疏散的措施；

2. 城市基础设施的规划建设要求：城市交通、通讯、给排水、燃气、电力、热力等生命线系统，及消防、供油网络、医疗等重要设施的规划布局要求；

3. 防止地震次生灾害要求：对地震可能引起水灾、火灾、爆炸、放射性辐射、有毒物质扩散或者蔓延等次生灾害的防灾对策；

4. 重要建（构）筑物、超高建（构）筑物、人员密集的教育、文化、体育等设施的布局、间距和外部通道要求；

5. 其他措施。

第十条 城市抗震防灾规划中的抗震设防标准、建设用地评价与要求、抗震防灾措施应当列为城市总体规划的强制性内容，作为编制城市详细规划的依据。

第十一条 城市抗震防灾规划应当按照城市规模、重要性和抗震防灾的要求，分为甲、乙、丙三种模式：

（一）位于地震基本烈度七度及七度以上地区（地震动峰值加速度 ≥ 0.10g 的地区）的大城市应当按照甲类模式编制；

（二）中等城市和位于地震基本烈度六度地区（地震动峰值加速度等于

0.05g 的地区）的大城市按照乙类模式编制；

（三）其他在抗震设防区的城市按照丙类模式编制。

甲、乙、丙类模式抗震防灾规划的编制深度应当按照有关的技术规定执行。规划成果应当包括文本、说明、有关图纸和软件。

第十二条 抗震防灾规划应当由省、自治区建设行政主管部门或者直辖市城乡规划行政主管部门组织专家评审，进行技术审查。专家评审委员会的组成应当包括规划、勘察、抗震等方面的专家和省级地震主管部门的专家。甲、乙类模式抗震防灾规划评审时应当有三名以上建设部全国城市抗震防灾规划审查委员会成员参加。全国城市抗震防灾规划审查委员会委员由国务院建设行政主管部门聘任。

第十三条 经过技术审查的抗震防灾规划应当作为城市总体规划的组成部分，按照法定程序审批。

第十四条 批准后抗震防灾规划应当公布。

第十五条 城市抗震防灾规划应当根据城市发展和科学技术水平等各种因素变化，与城市总体规划同步修订。对城市抗震防灾规划进行局部修订，涉及修改总体规划强制性内容的，应当按照原规划的审批要求评审和报批。

第十六条 抗震设防区城市的各项建设必须符合城市抗震防灾规划的要求。

第十七条 在城市抗震防灾规划所确定的危险地段不得进行新的开发建设，已建的应当限期拆除或者停止使用。

第十八条 重大建设工程和各类生命线工程的选址与建设应当避开不利地段，并采取有效的抗震措施。

第十九条 地震时可能发生严重次生灾害的工程不得建在城市人口稠密地区，已建的应当逐步迁出；正在使用的，迁出前应当采取必要的抗震防灾措施。

第二十条 任何单位和个人不得在抗震防灾规划确定的避震疏散场地和避震通道上搭建临时性建（构）筑物或者堆放物资。

重要建（构）筑物、超高建（构）筑物、人员密集的教育、文化、体育等设施的外部通道及间距应当满足抗震防灾的原则要求。

第二十一条 直辖市、市、县人民政府城乡规划行政主管部门应当建立举报投诉制度，接受社会和舆论的监督。

第二十二条 省、自治区人民政府建设行政主管部门应当定期对本行政区域内的城市抗震防灾规划的实施情况进行监督检查。

第二十三条 任何单位和个人从事建设活动违反城市抗震防灾规划的，按照《中华人民共和国城市规划法》等有关法律、法规和规章的有关规定处罚。

第二十四条 本规定自 2003 年 11 月 1 日起施行。本规定颁布前，城市抗震防灾规划管理规定与本规定不一致的，以本规定为准。

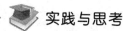 **实践与思考**

问题与思考

（1）认真学习本章的法律、法规和规定的具体内容，思考一下，制定它们的目的和意义分别是什么？

（2）你认为本章中的哪些法律、法规和规定与日常工作的关系最密切，还有哪些类似的法律、法规和规定可以补充到本章？

（3）查阅相关材料，了解法律、法规、规章和规定之间有什么区别？本章的各节内容各属于哪一种类？

阅读建议

（1）如果有条件，建议阅读《中华人民共和国防震减灾法释义》（法律出版社，2009 年 4 月出版）、《〈地震预报管理条例〉释义》（地震出版社，1999年出版）等书籍。

（2）建议经常登陆中国政府网——法律法规（http：//www.gov.cn/flfg/）、法律法规图书馆（http：//www.law-lib.com/law/）等相关网站，了解和学习更多的法律知识，强化知法、守法、依法行政能力。

❧ **实践和探索**

（1）从网上收集因制造地震谣传被依法处理的例子，结合自己所了解的法律、法规知识，向周围的人宣传和强调如何守法、用法——主要是防震减灾方面的法律、法规和规定。

（2）假设有人影响地震监测设施和监测环境，你要用自己所了解的法律、法规知识去劝阻，该怎么做？一旦实际发生类似的事件，按照自己联系过的方法去试试——必要时，可请求区县地震部门给予指导和协助。